中等职业教育新课改规划教材

计算机应用基础上机指导

（Windows 7 + Office 2010）

JISUANJI YINGYONG JICHU SHANGJI ZHIDAO

主　编　谭冬平　郭登科　宁佐勇

浙江工商大学出版社
ZHEJIANG GONGSHANG UNIVERSITY PRESS

图书在版编目(CIP)数据

计算机应用基础上机指导／谭冬平，郭登科，宁佐勇主编. — 杭州：浙江工商大学出版社，2016.9

ISBN 978-7-5178-1840-3

Ⅰ. ①计… Ⅱ. ①谭… ②郭… ③宁… Ⅲ. ①电子计算机 – 中等专业学校 – 教学参考资料 Ⅳ. ①TP3

中国版本图书馆 CIP 数据核字（2016）第 228476 号

计算机应用基础上机指导

主　编　谭冬平　郭登科　宁佐勇

责任编辑	李相玲
封面设计	宣是设计
责任印制	包建辉
出版发行	浙江工商大学出版社
	（杭州市教工路 198 号　邮政编码 310012）
	（E-mail：zjgsupress@ 163. com）
	（网址：http://www. zjgsupress. com）
	电话：0571-88904980，88831806（传真）
排　版	奥创工作室
印　刷	北京嘉实印刷有限公司
开　本	787mm×1092mm　1/16
印　张	8.25
字　数	212 千
版 印 次	2016 年 9 月第 1 版　2016 年 9 月第 1 次印刷
书　号	ISBN 978-7-5178-1840-3
定　价	24.00 元

前　言

　　本书是按教育部提出的"计算机教学基本要求"而编写的。在编写内容上，力图通过增强实践环节，以实验的形式引导学生从实际出发，由浅入深地引导学生掌握计算机的基本操作，同时配以大量的习题，使学生能够加深对理论知识的理解。

　　本书根据课程的基本内容精心设计了若干实验，读者按照本教材的指导，亲自上机操作实践，可以使理论得到实际的应用，学习起来更加形象直观、易于掌握。实践—学习—再实践，逐步深入，这一思想始终贯穿于全教材。

　　本书第一部分为实训指导，内容涉及计算机基础知识、Windows 7 操作系统、Word 2010 文字处理软件、Excel 2010 电子表格处理软件、PowerPoint 2010 演示文稿制作软件、计算机网络技术与应用等。每章均配备了大量的习题，习题形式和难易程度与计算机等级考试保持一致。每章均由多个上机实验组成，通过这些实验操作，可以使用户的实际动手能力大大提高。第二部分为习题指导，内容丰富、题量大，能让读者对所学知识有一个全面的检验。

　　本教材适合作为中职院校非计算机专业的计算机基础课或计算机相关专业的综合实训、上机练习和教学辅导用书，也可供成人教育和在职人员计算机培训使用。

编　者

目 录
Contents

第二部分　计算机应用基础习题指导

第一部分　计算机应用基础实训指导

第一章　计算机基础知识实训

实训一　计算机硬件识别及启动与关闭

1. 实训目标

(1)认识计算机硬件系统。

(2)掌握计算机启动和关闭的方法。

2. 实训内容

(1)识别计算机主机板上各大部件。

(2)观察计算机硬件系统的组成和连接。

(3)启动和关闭计算机。

3. 实训指导

(1)打开计算机主机箱,观察内部结构。认识主板、CPU、内存条、硬盘驱动器、光盘驱动器、各种接口卡。

(2)观察连接在计算机上的各种输入设备和输出设备,学习使用操作方法。

(3)对照图1-1观察计算机硬件系统的连接,了解计算机工作原理。

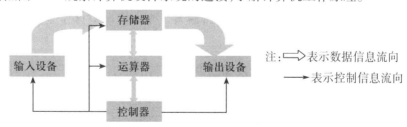

图1-1　计算机基本组成及工作原理

(4)先打开显示器及连接在计算机上的其他外部设备的电源,再打开主机的电源,启动计算机,观察操作系统的引导过程。

(5)按操作系统要求进行关闭计算机操作,最后关闭外部设备电源。

第二章　文字录入实训

实训二　文字录入

1. 实训目标

(1)初步掌握英文字母、数字以及打字键区的其他符号的录入方法。

(2)初步掌握汉字录入方法。

(3)初步养成文字录入的正确坐姿和指法。

2. 实训内容

(1)认识键盘及分区功能。

(2)了解文字录入的正确坐姿、键盘指法及击键方法。

(3)进行输入法、中英文、半角全角切换。

(4)文字录入。

3. 实训指导

(1)计算机键盘按功能分为主键盘区、功能键区、数字键区(小键盘)、光标控制键区。主键盘区由 26 个英文字母、10 个数字符号、标点符号、特殊符号、基本功能控制键组成。功能键区由 F1～F12 组成,各个功能键的作用在不同的软件中通常有不同的定义。数字键区各键分布紧凑,排列合理,用于数字符号快速输入。光标控制键区主要用于光标控制和移动。

(2)正确的坐姿有利于提高输入速度和减少疲劳。正确的坐姿如下:

①两脚平放,腰部挺直,双臂自然下垂,两肘贴于腋边。

②身体略倾斜,离键盘距离 20～30 cm。

③录入文稿放在键盘左边或夹在显示器旁边。

④录入时眼观文稿,身体不要倾斜。

(3)正确的键盘指法。

①各手指在键盘上的分工为:左小指——"QAZ",左无名指——"WSX",左中指——

"EDC"，左食指——"RFVTGB"，右食指——"YHNUJM"，右中指——"IK，"，右无名指——"OL。"，右小指——"P;/"，大拇指——空格键。任何手指不得去击打不属自己分工区域的键。

②要求击键完毕后，手指始终放在基准键位置上。基准键位置就是三行字母键的中间一行位置，两手手指分别位于这一行的"ASDFJKL;"键上，大拇指位于空格键上。

（4）正确的击键方法。

①手腕平直，手指弯曲自然，击键时只限于手指指关节动作，其他部分不得接触工作台或键盘。

②击键时手抬起，用规定的手指击键。击键速度要均匀，用力要轻，有节奏感，不可按压键。

（5）键盘输入及指法练习。

打开 Windows 记事本进行下列文字符号录入练习。

①基准键练习。

- aaasssdddfffggghhhjjjkkklll;;;
- ;;;lllkkkjjjhhhgggfffdddsssaaaa
- gfdsahjkl;
- asdfg;lkjh
- ;lkjhgfds
- aa;;sslllddkkffjjgghh
- asasdsdfdfgfhjhjkjklkl;l
- gfgjhfdfjkjkdsdklksasl;l

基准键是手指在键盘上应保持的固定键位，击打其他键时都是根据基准键来定位的。因此，只有练习好基准键，录入水平才能逐步提高，每行录入 10 遍以上，直到无错为止。

②各手指练习。

食指练习：

- rrr ttt fff ggg vvv bbb yyy uuu hhh jjj nnn mmm
- bvg bvf bvr bft bfr bgt bgr nmh nmj nmy nmu nhy nhu
- trv trb trf trg yun yum yjm
- rfv tgb yhn ujm vbv nmn fgf trt
- rtyu fghj vbnm mnbv jhgf uytr

中指练习：

- eee ddd ccc iii kkk ,,, ccc ddd eee ,,, kkk iii
- edc cde ik, ,ki ece eie eke e,e ded dcd kik k,k kck kdk kek

无名指练习：

- sss www xxx lll ooo …
- sws sxs loll.l sls sos lsl lwl
- l. os olwx slw. ooww slsl lx.s llss .xlo ..xx .slx .lox wl.x ol..lsow

小指练习：

- aaa qqq zzz ppp ;;; /// /// ' ' '
- aqz azq p'p '/' aza 'p'apa pap pqp qpq qaq qzq
- pp;; a;aq ;z;a ;`[ []/' qppa p;z`][]\[zaqp qapp `;'/ qpaz

输入 26 个字母：

abcdefghijklmnopqrstuvwxyz

要求以上练习每行录入 10 遍以上，直到无错为止。

③符号键练习。

- !!! @@@ ### $$$ %%% ^^^ &&& * * * ((( ))) + + + |||
- ^&& ( ) * *& !! @ ##@ $2! #$^ &%) |( )

每行录入 10 遍以上，直到无错为止。

(6)英文录入练习。

With the continuous development of China's advertising industry, computer technology in this area has also been widely used. In television advertising, the three – dimensional computer animation system has caused changes in the means of advertising, city streets, public places, using electronic means to produce a variety of billboards are everywhere.

(7)汉字录入练习。

①按组合键 Ctrl + Space(按住 Ctrl 键不放，再按 Space 键)启动或关闭汉字输入法，按组合键 Ctrl + Shift 在英文和各种汉字输入法之间进行切换。

　　②选用汉字输入法之后,屏幕上显示出汉字输入法工具栏,工具栏上的各个按钮为开关按钮,单击即可改变输入法的某种状态。例如,在中文和英文状态之间切换,在全角(所有字符均与汉字同样大小)和半角之间切换,在中文和英文标点符号之间切换,开启和关闭软键盘,等等。

　　③选择你熟悉的汉字输入法,在全角状态下录入以下文字。

　　　　随着我国广告业的不断发展,计算机技术在这一领域也得到了广泛应用。在电视广告方面,电脑三维动画制作系统已经引起了广告制作手段的变革,城市街头、公共场所采用电子手段制作的各种广告牌也随处可见。其中,最引人注目的就是电子广告系统。所谓电子广告系统,是指用计算机系统来控制,由电子元件制作的广告牌,用以管理相应的广告业务,以达到一牌多用、灵活方便、图案美观等效果。采用计算机控制的电子广告牌,在灵活性方面是一般广告牌和霓虹灯广告无法比拟的。

第三章　Windows 7 操作系统实训

实训三　Windows 7 基本操作及界面认识

1.实训目标

(1)掌握 Windows 7 的启动与退出方法。

(2)理解 Windows 7 桌面的组成及各种图标的作用。

(3)学习和掌握程序的运行和退出方法。

2.实训内容

(1)Windows 7 的启动与退出。

(2)"开始"菜单的常用选项及其功能。

(3)各种应用程序的运行和退出方法。

(4)Windows 7 桌面及窗口的操作。

3.实训指导

(1)打开计算机电源,计算机会自动启动 Windows 系统。

(2)熟悉中文 Windows 7 的桌面。

中文 Windows 7 的桌面上有常见的图标、开始按钮和任务栏。

(3)点击"开始"→"注销",注销系统,理解注销的含义。之后点击"开始"→"重新启动",重新启动系统,理解重新启动的含义。

(4)从"开始"菜单启动应用程序。

①单击任务栏上的"开始"按钮,打开"开始"菜单。

②点击"所有程序"菜单的级联菜单"附件"。

③单击"附件"级联菜单中的"记事本"菜单项,运行该应用程序。

④练习使用"记事本"程序输入文字,然后保存并关闭该程序。

⑤在程序运行时,查看任务栏中显示的信息。

(5)认识任务栏组成。能找到"开始"菜单、快速启动栏、窗口按钮栏、通知区域(包括语言栏和音量控制器的识别)。

(6)拖动图标。任意调整几个图标的位置。将桌面上的图标整体右移,再将桌面上第2列的图标整体右移。

(7)改变图标标题。例如,可将"我的电脑"图标的标题改为"本机资源"。

(8)排列图标。右键单击桌面空白处,在弹出的快捷菜单中选择"排列图标"选项,在级联菜单中选择"按名称"或"按类型"选项来排列图标。

(9)改变任务栏高度。先使任务栏变高(拖动上缘),再恢复原状。

(10)改变任务栏位置。将任务栏移到左边缘(指针指向任务栏空白处,按住左键拖动),再恢复原状。

(11)设置任务栏选项。右击任务栏空白区域,在弹出的菜单中选择"属性"菜单项,在弹出的"任务栏和开始菜单属性"对话框中选择"任务栏"选项卡,对该选项卡中的内容进行设置,看看对任务栏有哪些影响。

(12)窗口调整。

①双击桌面上的"我的电脑""回收站"和"我的文档"等图标,将窗口都打开。

反复按 Alt + Esc 键,观察屏幕变化;单击某一非活动窗口的任意可见部分,观察屏幕变化;拖动窗口,观察屏幕变化。

窗口切换的另一个组合键是 Alt + Tab,请执行上述各步骤,观察屏幕窗口和程序窗口的变化。

窗口切换还有一个组合键是 Win + Tab,请执行上述各步骤,观察屏幕窗口和程序窗口的变化。

②将鼠标移到窗口边框上,当鼠标变成一个跨边框的双向箭头时,按住鼠标拖动边框和对角点,调整窗口大小,观察程序窗口的变化。

③用鼠标右键单击任务栏,将多个窗口进行横向平铺和纵向平铺。

④单击程序窗口标题栏中的"最大化"按钮 ▣、"还原"按钮 ▣、"最小化"按钮 ▬,进行识别和区分。最后单击"关闭"按钮 ✕,窗口关闭,退出程序。

(13)认识菜单。

打开 Office 中的记事本程序,识别菜单中的各种符号。再打开一个任意窗口,认识控制菜单和右键快捷菜单。

(14)认识对话框。

打开一个对话框,识别标题栏、文本框、选项卡和标签、列表框、单选框、复选框、命令按钮。区别对话框和窗口的不同之处。

实训四　资源管理器

1. 实训目标

(1) 了解资源管理器以及 Windows 文件系统的基本概念。

(2) 掌握 Windows 文件系统的基本操作。

2. 实训内容

(1) 创建资源管理器的快捷方式。

(2) 掌握查看磁盘内容、属性的方法。

(3) 在"资源管理器"窗口中打开文件夹,查看文件夹的内容和属性。

(4) 选定文件。

(5) 新建文件夹。

(6) 文件夹的移动、复制、改名等各种操作。

3. 实训指导

(1) 创建资源管理器的快捷方式。

①用鼠标右键单击桌面空白处,选择快捷菜单中"新建"选项下的"快捷方式"子选项,启动"创建快捷方式"向导对话框。

②在对话框的"请键入对象的位置"文本框中输入"Explorer. exe",然后单击"下一步"按钮。

③在向导的第二个对话框"输入该快捷方式的名称"对话框中输入"资源管理器",然后单击"完成"按钮关闭向导,则会在桌面上创建名为"资源管理器"的快捷方式。

(2) 查看磁盘驱动器上的内容。

①双击桌面上"我的电脑"图标,打开"我的电脑"窗口,观察窗口中的内容。

②双击磁盘驱动器"D:"图标,查看磁盘驱动器上的内容。

③单击窗口标题栏右侧的"关闭"按钮,关闭"我的电脑"窗口。

(3) 在"资源管理器"窗口中打开文件夹并浏览文件资源。

①双击"资源管理器"快捷方式图标,打开"资源管理器"窗口。

②单击"Windows 资源管理器"左侧树型目录结构区窗口中"计算机"图标前的 ▷ 或 ◢,展开与折叠"计算机",观察树型目录结构窗格、内容窗格与地址栏的变化;单击树型目录结构区窗口中"文档"文件夹图标,打开并查看"文档"文件夹中的内容;单击工具栏上的"后退"按钮,返回上一步打开的窗口。

③在"查看"菜单中分别选择"超大图标""大图标""中等图标""小图标""列表""详细资料""平铺"和"内容"方式显示文件和文件夹,比较这几种显示方式各有什么特点;分别执行"查看"菜单下"排列图标"子菜单中的"名称""修改日期""类型""大小""递增"和"递减"命令,在窗口中重新排列文件和文件夹的顺序。

④选择"C:/ Windows"文件夹,执行"文件"→"属性"命令,打开"属性"对话框;在"常规"选项卡的"属性"中选中"只读"和"隐藏"两种属性,单击"确定"按钮。

⑤选择 C 盘,观察 Windows 文件夹是否已被隐藏。执行"工具"→"文件夹选项"命令,在"文件夹选项"对话框的"查看"选项卡中,选中"显示隐藏的文件、文件夹和驱动器"单选按钮并确定,再次选中 C 盘,可见隐藏的 Windows 文件夹已全部显示出来,且可见图标颜色变成淡黄色。

(4)选定文件。

在"计算机"窗口中打开一个内容较多的文件夹,分别采用以下几种鼠标操作方式来选定文件。

①单击某个文件图标选中它。

②按住 Ctrl 键,然后单击几个文件图标选定这几个文件。

③单击一个文件图标再按住 Shift 键,同时单击另一个文件图标,即选定了这两个图标之间的所有文件。

④选择"编辑"菜单中的"全部选定"选项,选定当前文件夹中的所有文件。

(5)新建文件夹。

①打开"C:/用户"文件夹。

②执行菜单命令"文件"→"新建"→"文件夹"命令,窗口出现一个新的文件夹图标,输入文件夹名为 My Files,按回车键,即创建了新的文件夹 My Files。

③打开 My Files 文件夹,在"资源管理器"右窗口中右击,执行快捷菜单中"新建"级联菜单的"文件夹"命令,输入文件夹名 My Music,按回车键,即在 My Files 文件夹中创建了一个新的子文件夹 My Music。

(6)复制文件和文件夹。

①选择"C:/用户/My Files/My Music"文件夹,执行"编辑"→"复制"命令。

②选中 D 盘,执行"编辑"→"粘贴"命令,观察 D 盘和原文件夹内容的变化情况。

③选择"D:/My Music",执行"文件"→"重命名"命令,键入新的名称"我的音乐"后按回车键,观察窗口变化情况。

④按住 Ctrl 键,将窗口的"D:/我的音乐"文件夹图标拖动到"文档"文件夹图标处,观察各文件夹内容的变化情况。

（7）移动文件和文件夹。

①选定"C:/用户/我的音乐"。

②执行"编辑"→"剪切"命令。

③打开"E:/"。

④执行"编辑"→"粘贴"命令,观察各文件夹内容变化情况。再执行一次"编辑"→"粘贴"命令,观察各文件夹内容的变化情况。

第四章　Word 2010 基础应用实训

实训五　Word 2010 基本操作

1. 实训目标

(1) 掌握 Word 的启动和退出方法,熟悉 Word 的窗口组成。

(2) 掌握 Word 文档的建立、保存等基本操作。

(3) 熟练掌握 Word 文档的常用编辑方法。

(4) 学会字符串的查找和替换功能。

2. 实训内容

(1) Word 的启动与退出方法。

(2) Word 文档的创建、录入、保存和关闭。

(3) 文本的编辑操作。

(4) 字符串的查找与替换。

3. 实训指导

(1) 启动 Word 2010。

单击"开始"→"所有程序"→"Microsoft Office"→"Microsoft Office Word 2010",启动 Word 2010。

(2) 创建新的 Word 文档。

新建一个文档,输入下列内容。

人生也需经营

"年轻就是资本,年老就是财富!"

一言既出,赢得了满堂的喝彩。多好的一句话啊! 但是并不是所有的资本最终都能够转化为财富。资本只是为实现财富提供了一种可能,要想使这种可能变为现实,还需要苦心的经营。原来,人生也是需要经营的啊!

因为年轻,就拥有时间和希望,用时间和希望去投资,用充满热爱的心灵和智慧的头脑去经营,人生一定会一天比一天更富有、更丰盈。在年老时,我们就可以自豪地对年轻人说:"年轻就是资本,年老就是财富!"

（3）保存文档。

把上面输入的文字保存,文件名为"人生也需经营"。

①单击快速访问工具栏上的"保存"按钮,弹出"另存为"对话框。

②在"保存位置"下拉列表框中,选择"文档"。

③在"文件名"文本框中输入"人生也需经营",单击"保存"按钮。

（4）关闭文档。

切换到"文件"选项卡,选择"关闭"命令,关闭该文档窗口(不要关闭 Word 窗口)。

（5）打开已有文档。

打开名为"人生也需经营"的 Word 文档。

①切换到"文件"选项卡,选择"打开"命令,弹出"打开文件"对话框。

②在"查找范围"下拉列表框中,选择"文档"。

③在文件列表中选择文件"人生也需经营",单击"打开"按钮。

（6）文字的选取及移动。

①用鼠标选中"一言既出,赢得了满堂的喝彩。",按 Delete 键删除选定的文字。

②将插入点定位在正文第二段的开始处,按 Backspace 键将前两段合并为一段,或将插入点定位在第一段的结尾处,按 Delete 键。

（7）字符串的查找和替换。

①切换到"开始"选项卡,在"编辑"选项组中单击"查找"命令右侧的箭头按钮,在下拉菜单中选择"高级查找"命令,打开"查找和替换"对话框。在"查找内容"文本框内输入"财富",单击"查找下一处"按钮,把文本中的"财富"逐个找到;然后单击"取消"按钮,关闭对话框。

②切换到"开始"选项卡,在"编辑"选项组中单击"查找"命令右侧的箭头按钮,在下拉菜单中选择"高级查找"命令,打开"查找和替换"对话框。切换到"替换"选项卡,在"查找内容"文本框内输入"人生",在"替换为"文本框中输入"生命",单击"全部替换"按钮,把文本中的"人生"替换为"生命"。

（8）文档另存为。

把打开的文档另存为"生命也需经营"。

①切换到"文件"选项卡,选择"另存为"命令,弹出"另存为"对话框。

②在"保存位置"下拉列表框中,选择"文档"。

③在"文件名"文本框中输入"生命也需经营",单击"保存"按钮。

实训六　Word 2010 文档的排版

1. 实训目标

(1) 掌握字符的格式化设置方法。

(2) 掌握段落的格式化设置方法。

(3) 掌握项目符号和编号的使用方法。

(4) 掌握边框和底纹的设置方法。

(5) 掌握分栏操作。

2. 实训内容

请输入下面的文章。

计算机应用

计算机是当代推动生产力发展最为积极的因素，它已经深入到人类生产和生活的一切领域，引起了经济结构、社会结构和人们生活方式的急剧变化。在短短 40 多年的时间里，其应用就遍及 4 000 多个行业，用途超过 5 000 多种，而且还在不断发展着新的应用。这些应用可以归纳为以下几个方面：数值计算、信息管理、过程控制、辅助系统、人工智能。

数值计算是计算机最早的应用领域。在气象预报、天文研究、水利设计、原子结构分析、生物分子结构分析、人造卫星轨道计算、宇宙飞船的研制等许多方面都显示出计算机独特的优势。据统计，目前全球装机总量的 80% 用于信息管理，例如金融、财会、经营、管理、教育、科研、医疗、人事、档案、物资等各方面都有大量的信息需要及时分析和处理，以便为决策提供依据。利用计算机对一定的动态过程进行控制、指挥和协调，不但可以减轻劳动强度，提高工作效率，而且能够提高控制的精确程度，获得高质量的成果。例如，计算机在控制化工生产、交通流量、卫星飞行、导弹发射等许多方面起着不可替代的作用。

此外，计算机还可以辅助人们更好地完成多种任务。例如，计算机辅助设计（CAD）是利用计算机帮助设计人员进行电路设计、建筑设计、机械设计、飞机设计等设计工作，提高设计速度和质量。人工智能（AI）是计算机应用的一个广阔的新领域。科学工作者正在研究如何使计算机模拟人脑，去进行理解、学习、分析、推理等各种高级思维活动，使计算机具有更多的人类智能，能够识别环境，适应环境，自动获取知识，解决问题，以便利用计算机在某些领域实现脑力劳动的自动化。

计算机的应用不但提高了工作效率和质量,而且正在解决人们过去力所不能及的问题。目前,多媒体技术的发展使计算机成为多种信息媒体的控制中心,将音像设备连成一体,以声形并茂的方式传播信息,从而将计算机的应用扩展到更接近人们的家庭、学习和娱乐的领域。计算机网络技术的发展使计算机和通信完美结合,尤其是 Internet 已将分布在全球的几十个国家的数万网络、几百万台计算机连接起来,并对世界人民相互沟通、全球信息资源共享做出了不可估量的贡献。

请依次完成以下操作。

(1)将第 1 段的文字"计算机应用"设置为黑体、三号、居中,颜色为红色,并为标题添加 30% 的底纹及 1.5 磅的阴影边框。

(2)将其余各个段落设置为首行缩进两个字符。

(3)将第 2 段设置为楷体、小四号、斜体。

(4)将第 3 段首字下沉两行,并将"宇宙飞船"设置成四号、仿宋,加上蓝色方框。

(5)将第 4 段分成两栏,为第 5 段设置 24 磅的行距。

(6)将文档设置成每行 40 个字符。

3. 实训指导

(1)将第 1 段的文字"计算机应用"设置为黑体、三号、居中,颜色为红色,并为标题添加 30% 的底纹及 1.5 磅的阴影边框。

①选中第 1 段文字,切换到"开始"选项卡,在"字体"选项组中单击"对话框启动器"按钮,打开"字体"对话框,如图 4 - 1 所示。

图 4 - 1 "字体"对话框

②在"字体"选项卡中将"中文字体"栏设置为"黑体",将"字号"设置为"三号",将"字体颜色"设置为红色,然后单击"确定"按钮。

③在"段落"选项组中单击"居中"按钮,将选定的文本居中显示。

④单击"段落"选项组中"下框线"按钮右侧的箭头按钮,如图 4 - 2 所示,在弹出的下拉菜单中选择"边框和底纹"命令,打开"边框和底纹"对话框。

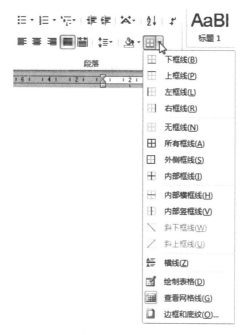

图 4 - 2　单击"下框线"按钮右侧箭头

⑤在"边框和底纹"对话框的"边框"选项卡中,在左侧的"设置"栏中选择"阴影"选项,在"宽度"下拉列表中选择"1.5 磅",如图 4 - 3 所示。

图 4 - 3　设置边框

⑥切换到"底纹"选项卡,将"图案"栏的"样式"下拉列表框设置为"30%",如图4-4所示,然后单击"确定"按钮。

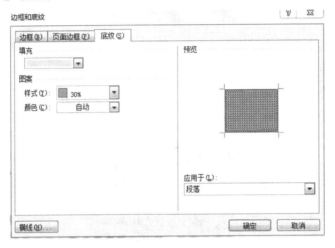

图4-4　设置底纹

⑦设置好的效果如图4-5所示。

(2)将其余各个段落设置为首行缩进两个字符。

①选中第2~5段,切换到"开始"选项卡,在"段落"选项组中单击"对话框启动器"按钮,打开"段落"对话框。

②在"缩进和间距"选项卡中,将"缩进"栏的"特殊格式"下拉列表框设置为"首行缩进",磅值为"2字符",如图4-6所示,然后单击"确定"按钮,完成设置。

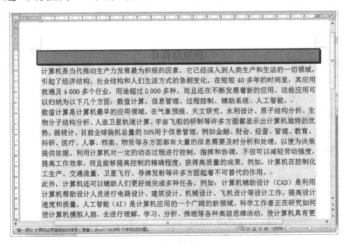

图4-5　操作(1)完成后的效果

图4-6　"段落"对话框

③设置好的效果如图4-7所示。

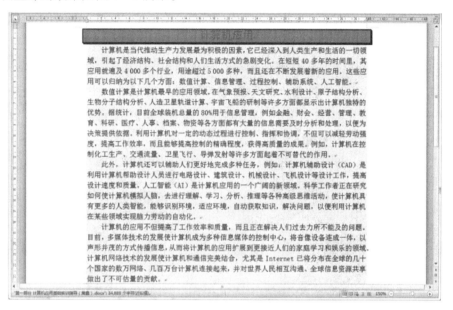

图4-7 操作(2)完成后的效果

(3)将第2段设置为楷体、小四号、斜体。

①选中第2段,切换到"开始"选项卡,在"字体"选项组中将"字体"下拉列表框设置为"楷体",将"字号"下拉列表框设置为"小四",将"字形"下拉列表框设置为"倾斜",然后单击"确定"按钮。

②设置好的效果如图4-8所示。

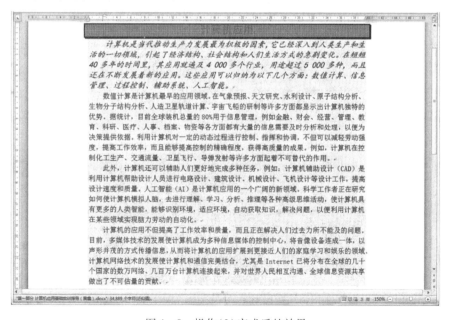

图4-8 操作(3)完成后的效果

(4)将第3段首字下沉两行,并将"宇宙飞船"设置成四号、仿宋,加上蓝色方框。

①删除第3段前面的空格,这是因为如果段落前面有空格,Word 2010将不能执行"首字下沉"命令。

②将插入点定位到第3段的任意位置,切换到"插入"选项卡,在"文本"选项组中单击"首字下沉"按钮,在弹出的下拉菜单中选择"首字下沉选项"命令,如图4-9所示。

③在弹出的"首字下沉"对话框中,将"位置"栏设置为"下沉",将"下沉行数"设置为2,如图4-10所示,然后单击"确定"按钮。

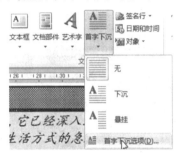

图4-9 "首字下沉"菜单项　　　　图4-10 "首字下沉"对话框

④选中"宇宙飞船",切换到"开始"选项卡,在"字体"选项组中将"字体"设置为"仿宋",将"字号"设置为"四号"。

⑤打开"边框和底纹"对话框,将边框设置为"方框",颜色设置为"蓝色",单击"确定"按钮。

⑥设置完毕,效果如图4-11所示。

图4-11 操作(4)完成后的效果

（5）将第 4 段分成两栏，为第 5 段设置 24 磅的行距。

①选中第 4 段，切换到"页面布局"选项卡，在"页面设置"选项组中单击"分栏"按钮，如图 4 – 12 所示，在弹出的下拉菜单中选择"两栏"命令。

图 4 – 12　"分栏"按钮

②选中第 5 段，切换到"开始"选项卡，在"段落"选项组中单击"对话框启动器"按钮，打开"段落"对话框。将"行距"下拉列表框设置为"最小值"，将"设置值"设置为"24 磅"。

③设置完毕，效果如图 4 – 13 所示。

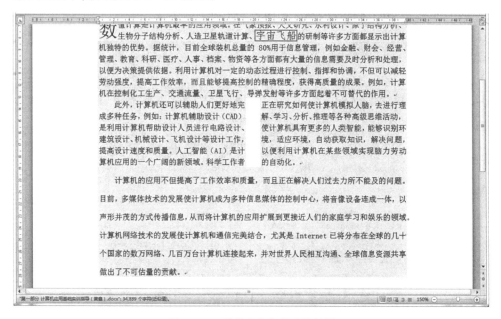

图 4 – 13　操作（5）完成后的效果

（6）将文档设置成每行 40 个字符。

①切换到"页面布局"选项卡，在"页面设置"选项组中单击"对话框启动器"按钮，打开"页面设置"对话框。

②切换到"文档网络"选项卡,在"网格"栏选择"指定行和字符网格"单选按钮,并将"字符数"栏的"每行"设置为40,如图4-14所示。

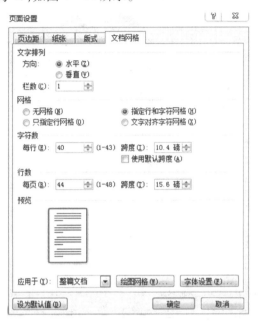

图4-14 "页面设置"对话框

③单击"确定"按钮,设置好的效果如图4-15所示。

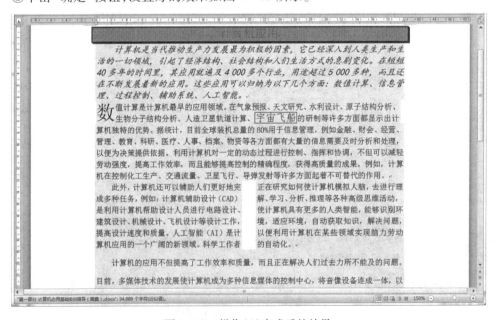

图4-15 操作(6)完成后的效果

实训七 Word 2010 表格的制作与编辑

（一）

1. 实训目标

（1）掌握在表格中增加（或删除）行、列的方法。

（2）掌握表格行高和列宽的设置方法。

（3）掌握表格的居中设置方法。

（4）掌握表格文字对齐方式的设置方法。

（5）掌握表格自动套用格式的方法。

2. 实训内容

在表4－1的基础上进行操作。

表4－1 成绩表

姓名	语文	数学	英语
彭 娟	78	87	67
张 三	64	73	65
李 四	79	89	72

（1）给表格的最后增加一列,列标题为"平均成绩"。

（2）将表格列宽设置为2.5 cm,行高设置为0.8 cm。

（3）表格居中。

（4）表格中文字中部居中。

（5）表格自动套用格式"彩色网格－强调文字颜色6"。

3. 实训指导

（1）给表格的最后增加一列,列标题为"平均成绩"。

①将光标定位到表格最后一列的任意单元格。

②切换到"表格工具|布局"选项卡,在"行和列"选项组中单击"在右侧插入"按钮,如图4－16所示。

图4－16 "行和列"选项组

③输入列标题文本"平均成绩",得到表4-2的内容。

表4-2　成绩表

姓名	语文	数学	英语	平均成绩
彭　娟	78	87	67	
张　三	64	73	65	
李　四	79	89	72	

（2）将表格列宽设置为2.5 cm,行高设置为0.8 cm。

①选定整个表格。

②切换到"表格工具｜布局"选项卡,单击"单元格大小"选项组中的"对话框启动器"按钮,打开"表格属性"对话框。

③选择对话框中的"列"选项卡,选定"指定宽度"选项,在"指定宽度"文本框中输入列宽的数值"2.5 厘米"。

④选择对话框中的"行"选项卡,选定"指定高度"选项,在右侧的文本框内输入行高的数值"0.8 厘米"。

⑤单击"确定"按钮,完成对表格行高和列宽的修改,得到表4-3的效果。

表4-3　设置行高及列宽

姓名	语文	数学	英语	平均成绩
彭　娟	78	87	67	
张　三	64	73	65	
李　四	79	89	72	

（3）表格居中。

①选中要设置属性的表格。

②切换到"表格工具｜布局"选项卡,单击"单元格大小"选项组中的"对话框启动器"按钮,打开"表格属性"对话框,如图4-17所示。

③单击"表格"标签,设置表格的对齐方式为"居中",单击"确定"按钮,就可以使表格在页面内水平居中。

（4）表格中文字中部居中。

①选定表格中的文本。

②在表格上右击,在弹出的快捷菜单中选择"单元格对齐方式"选项下的"中部居中"子选项,如图4-18所示,得到表4-4的效果。

图 4-17　"表格属性"对话框

图 4-18　设置单元格内文字对齐方式

表 4-4　表格中文字中部居中

姓名	语文	数学	英语	平均成绩
彭 娟	78	87	67	
张 三	64	73	65	
李 四	79	89	72	

　　【注】表格内文字的对齐方式也可以先选中表格中的文本,然后切换到"开始"选项卡,在"段落"选项组中单击"居中"按钮,如图 4-19 所示。

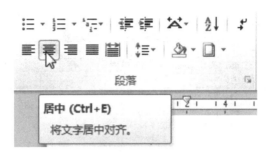

图 4-19 设置"居中"对齐方式

（5）表格自动套用格式"彩色网格－强调文字颜色6"。

①将插入点移到要排版的表格内。

②切换到"表格工具｜设计"选项卡，单击"表格样式"选项组中的"其他"按钮，打开下拉列表框，如图 4-20 所示。

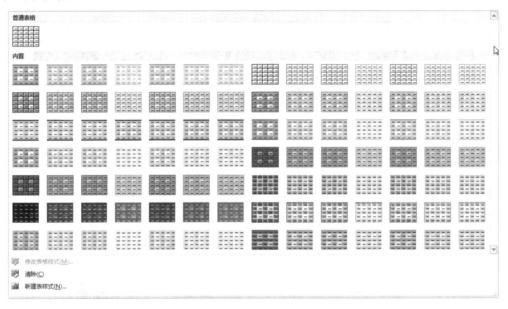

图 4-20 程序内置的表格样式

③在列表框中选定一种格式，排版效果会在表格中实时显示（图 4-21），如不满意，可再选。

姓名	语文	数学	英语	平均成绩
彭 娟	78	87	67	
张 三	64	73	65	
李 四	79	89	72	

图 4-21 自动套用格式效果

（二）

1．实训目标

（1）掌握内框线和外框线的设置方法。

（2）掌握表格底纹的设置方法。

（3）掌握表格数据的计算方法。

（4）掌握表格数据的排序方法。

2．实训内容

（1）把表格内框线设置成1.5磅红色单实线,外框线设置成0.5磅蓝色双实线。

（2）第一行标题行设置成灰色25%的底纹。

（3）求出成绩表中每位同学的总成绩,保留两位小数。

（4）按照"语文"列进行降序排序。

3．实训指导

（1）把表格内框线设置成1.5磅红色单实线,外框线设置成0.5磅蓝色双实线。

①制作如表4－5所示的表格,选中整个表格。

表4－5　成绩表

姓名	语文	数学	英语	平均成绩
彭 娟	78	87	67	
张 三	64	73	65	
李 四	79	89	72	

②单击鼠标右键弹出快捷菜单,选择"边框和底纹"命令,或切换到"开始"选项卡,在"段落"选项组中单击"对话框启动器"按钮,打开"边框和底纹"对话框。

③选择"边框"选项卡,单击"自定义"图标。

④设置外框线。选择线型为双实线,颜色设置为蓝色,宽度设置为0.5磅,应用于外边框,如图4－22所示。

⑤设置内框线。选择线型为单实线,颜色设置为红色,宽度设置为1.5磅,应用于内框线,如图4－23所示。

图 4-22　设置外框线

图 4-23　设置内框线

（2）第一行标题行设置成灰色25%的底纹。

①选定单元格。选中要设置底纹的第一行。

②选择菜单命令。选择"格式"菜单中的"边框和底纹"选项。

③选择选项卡。在弹出的"边框和底纹"对话框中选择"底纹"选项卡。

④设置底纹颜色。在"填充"栏中选择填充颜色为"灰色"，"样式"设为"25%"，如图 4-24所示。

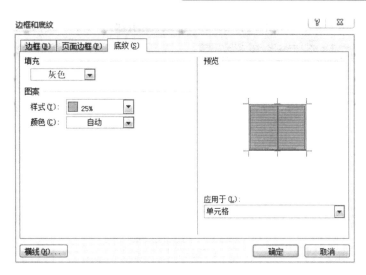

图 4 - 24　设置底纹

⑤退出设置。单击"确定"按钮退出设置,结果如表 4 - 6 所示。

表 4 - 6　设置标题行

姓名	语文	数学	英语	平均成绩
彭　娟	78	87	67	
张　三	64	73	65	
李　四	79	89	72	

(3)计算总成绩操作方法。

制作表 4 - 7 所示表格。

表 4 - 7　总分表

姓名	语文	数学	英语	总分
彭　娟	78	87	67	
张　三	64	73	65	
李　四	79	89	72	

①光标定位。将鼠标光标定位于需要插入公式的单元格中,本例中是放在第二行的最后一列。

②切换到"表格布局"选项卡,在"数据"选项组中单击"公式"按钮,弹出"公式"对话框,如图 4 - 25 所示。

③输入计算函数。在"公式"文本框中显示" = SUM(LEFT)",表明要计算左边各列数据的总和,正符合我们的要求。如果是要计算平均值,则在"公式"文本框中输入计算函数" = AVERAGE(LEFT)"或者在"粘贴函数"下拉列表中选择函数。

④ 在"编号格式"下拉列表中选择"0.00"格式,表示保留两位小数,如图 4 - 26 所示。

图 4 - 25 "公式"对话框   图 4 - 26 保留两位小数

⑤ 单击"确定"按钮,得如下结果,命名为"学生成绩表",存盘退出。

表 4 - 8   学生成绩表

姓名	语文	数学	英语	总分
彭 娟	78	87	67	232.00
张 三	64	73	65	202.00
李 四	79	89	72	240.00

(4)排序操作方法。

① 光标定位。打开"学生成绩表",将光标定位于表格中的任意位置。

② 选择命令。切换到"表格工具丨布局"选项卡,在数据选项组中单击"排序"命令,弹出"排序"对话框。

③ 在"主要关键字"栏中选择"语文"选项,在其右边的"类型"下拉列表中选择"数字"选项,再选中"降序"单选按钮,如图 4 - 27 所示。

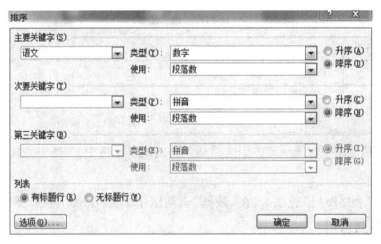

图 4 - 27 "排序"对话框

④ 在"列表"选项组中选中"有标题行"单选按钮。

⑤ 单击"确定"按钮,得到如表 4 - 9 所示结果。

表 4 – 9　语文成绩降序表

姓名	语文	数学	英语	总分
李 四	79	89	72	240.00
彭 娟	78	87	67	232.00
张 三	64	73	65	202.00

实训八　Word 2010 图文混排

1. 实训目标

(1)掌握插入图片及设置图形格式的方法。

(2)掌握艺术字体的使用方法。

(3)掌握水印的使用方法。

(4)了解公式编辑器的使用方法。

(5)掌握图文框和文本框的使用方法。

(6)掌握页面排版的方法。

2. 实训内容

下面有一篇未编排任何格式的文章,内容如下:

人类在很长一段时间内,只能用自身的感官去收集信息,用大脑存储和加工信息,用语言交流信息。当今社会正从工业社会进入信息社会,面对积聚起来的浩如烟海的各种信息,为了全面、深入、精确地认识和掌握这些信息所反映的事物本质,必须用 computer 进行处理。目前,数据处理广泛应用于办公自动化、企业管理、事务管理、情报检索等,数据处理已成为 computer 应用的一个重要方面。

过程控制。过程控制又称实时控制,指用 computer 及时采集数据,将数据处理后,按最佳值迅速地对控制对象进行控制。

现代工业,由于生产规模不断扩大,技术、工艺日趋复杂,从而对实现生产过程自动化控制系统的要求也日益增高。利用 computer 进行过程控制,不仅可以大大提高控制的自动化水平,而且可以提高控制的及时性和准确性,从而改善劳动条件、提高质量、节约能源、降低成本。computer 过程控制已在冶金、石油、化工、纺织、水电、机械、航天等部门得到广泛的应用。

请按下列要求完成排版操作。

(1)将标题"文字处理软件的发展"改为艺术字体,字体为隶书、24 磅、居中,式样可任选一种。

(2)在第 1 段正文前插入一幅剪贴画。要求采用嵌入方式插入,高度设置为 2 cm。

（3）将第 2～4 段正文的首行缩进 0.75 cm，各段之间空一行，然后插入一幅剪贴画，高度设置为 2.5 cm，环绕方式选择"紧密型"选项，并拖放到靠右的位置。

（4）在文档末尾插入一个横排文本框，内容要有一幅剪贴画和"欢迎进入计算机世界"文本。其中文字设置为黑体、三号粗体；剪贴画高度、宽度均缩小至 1 cm，并设置蓝色外边框，居中显示。

（5）在最后两段正文之间加上水印"文字处理"。"文字处理"这几个字设置为隶书、72 磅。

（6）在文末输入公式：

$$P(a \leqslant x \leqslant b) = \int_a^b f(x)\,\mathrm{d}x, \mathrm{e}^x = 1 + x + \frac{x^2}{2!} + \frac{x^3}{3!} + \cdots + \frac{x^n}{n!}$$

（7）输入页眉"计算机的发展"，用楷体、五号，并将文档的上、下页边距调整为 2.4 cm，左、右页边距调整为 3.2 cm。

3. 实训指导

（1）将标题"文字处理软件的发展"改为艺术字体，字体为隶书、24 磅、居中，式样可任选一种。

①在文档的第 1 行输入"文字处理软件的发展"。

②选中第 1 段（即"文字处理软件的发展"和段落标记），切换到"开始"选项卡，在"字体"选项组的"字体"列表框中选择"隶书"，在"字号"列表框中选择"24 磅"。

③切换到"插入"选项卡，在"文本"选项组中单击"艺术字"按钮，在弹出的列表框中任意选择一种样式，如图 4-28 所示。

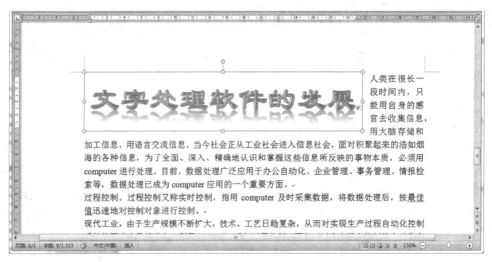

图 4-28　插入艺术字

④在艺术字周围的文本框上单击鼠标右键，在弹出的快捷菜单中选择"其他布局选项"命令，打开"布局"对话框，切换到"文字环绕"选项卡，在"环绕方式"栏中选择"上下型"，如图 4-29 所示，单击"确定"按钮。

图 4 – 29 设置文字环绕方式

⑤切换到"位置"选项卡,在"水平"栏选择"对齐方式"单选按钮,将"对齐方式"设置为"居中",将"相对于"设置为"页面",如图 4 – 30 所示。

图 4 – 30 设置艺术字位置

⑥设置完毕,效果如图 4 – 31 所示。

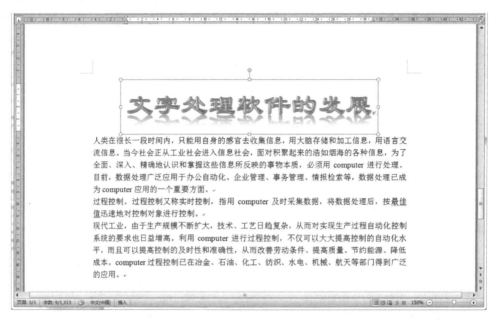

图 4 – 31　操作(1)完成后的效果

(2)在第 1 段正文前插入一幅剪贴画。要求采用嵌入方式插入,高度设置为 2 cm。

①将插入点定位到第 1 段的开始处,切换到"插入"选项卡,在"插图"选项组中单击"剪贴画"按钮,打开"剪贴画"任务窗格。

②在"搜索文字"文本框中输入"电脑",然后单击"搜索"按钮,在下面的列表框中选择一种剪贴画,单击剪贴画右侧的箭头按钮,在下拉菜单中选择"插入"命令。

③在插入的剪贴画上右击鼠标,在弹出的快捷菜单中选择"大小和位置"命令,打开"布局"对话框,切换到"大小"选项卡,将"高度"栏的"绝对值"设置为"2 厘米";切换到"文字环绕"选项卡,在"环绕方式"中选择"嵌入型",然后单击"确定"按钮。

④设置完毕,效果如图 4 – 32 所示。

(3)将第 2 ~ 4 段正文的首行缩进 0.75 cm,各段之间空一行,然后插入一幅剪贴画,高度设置为 2.5 cm,环绕方式选择"紧密型"选项,并拖放到靠右的位置。

①选择第 2 ~ 4 段,切换到"开始"选项卡,在"段落"选项组中单击"对话框启动器"按钮,打开"段落"对话框。

②将"特殊格式"下拉列表框设置为"首行缩进",在"磅值"文本框中输入"0.75 厘米";将"段前"和"段后"设置为"1 行"。

③插入剪贴画、设置高度及环绕方式类似于上面的操作,这里不再赘述。然后将剪贴画拖放到文档靠右的位置。操作完毕后的效果如图 4 – 33 所示。

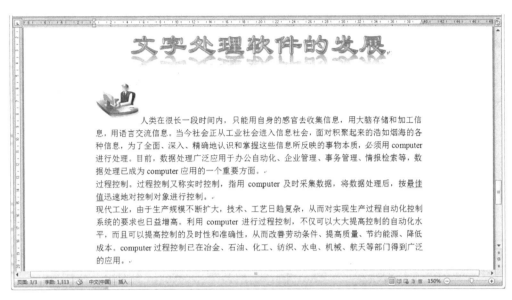

图4-32 操作(2)完成后的效果

图4-33 操作(3)完成后的效果

(4)在文档末尾插入一个横排文本框,内容要有一幅剪贴画和"欢迎进入计算机世界"文本。其中文字设置为黑体、三号粗体;剪贴画高度缩小至1 cm,并设置蓝色外边框。

①切换到"插入"选项卡,在"文本"选项组中单击"文本框"按钮,从弹出的下拉菜单中选择"绘制文本框"命令。

②光标变为黑"十"字形,将光标移至文档末尾,单击鼠标拖出一块矩形区域,然后释放鼠标,文本框插入成功。

③在文本框中插入剪贴画、输入文本,然后设置格式,如图4-34所示。

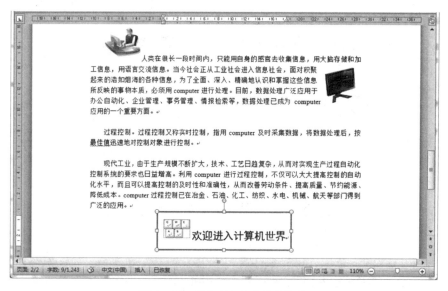

图 4-34　操作(4)完成后的效果

(5)在最后两段正文之间加上水印"文字处理"。"文字处理"这几个字设置为隶书、72 磅。

①切换到"页面布局"选项卡,在"页面背景"选项组中单击"水印"按钮,从弹出的下拉菜单中选择"自定义水印"命令,打开"水印"对话框。

②在对话框中选择"文字水印"单选按钮,在"文字"文本框中输入"文字处理",将"字体"下拉列表框设置为"隶书",将"字号"下拉列表框设置为"72",如图 4-35 所示,然后单击"确定"按钮。

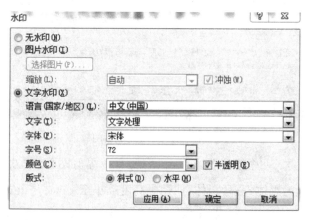

图 4-35　"水印"对话框

③设置完毕,效果如图 4-36 所示。

(6)在文末输入公式:

$$P(a \leq x \leq b) = \int_a^b f(x)\,\mathrm{d}x, \mathrm{e}^x = 1 + x + \frac{x^2}{2!} + \frac{x^3}{3!} + \cdots + \frac{x^n}{n!}$$

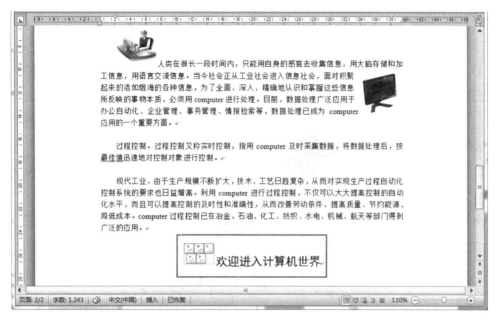

图 4 – 36　设置水印效果

①切换到"插入"选项卡,在"符号"选项组中单击"公式"按钮。

②在"公式工具│设计"选项卡中选择合适的命令,在公式编辑器中输入公式,如图 4 –37所示。

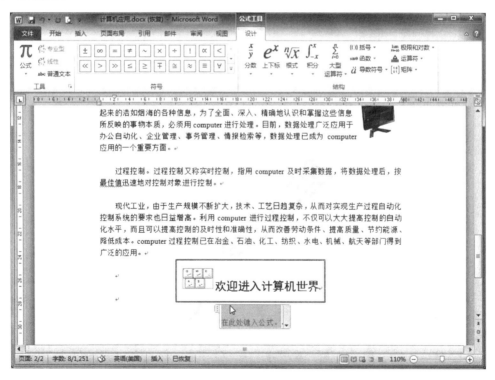

图 4 – 37　插入公式

(7)输入页眉"计算机的发展",用楷体、五号,并将文档的上、下页边距调整为 2.4 cm,左、右页边距调整为 3.2 cm。

①切换到"插入"选项卡,在"页眉和页脚"选项组中单击"页眉"按钮,在弹出的下拉菜单中选择"空白"样式页眉。

②在页眉文本区输入"计算机的发展",选择这些字符,切换到"开始"选项卡,将字符设置为楷体、五号。

③切换到"页面布局"选项卡,在"页面设置"选项组中单击"页边距"按钮,在弹出的下拉菜单中选择"自定义页边距"命令,弹出"页面设置"对话框。

④在页边距选项卡中将文档的上、下页边距调整为 2.4 cm,左、右页边距调整为 3.2 cm,然后单击"确定"按钮,设置完毕。

实训九　Word 2010 综合实训

1. 实训目标

(1)熟练掌握字符的格式化设置方法。

(2)熟练掌握段落的格式化设置方法。

(3)熟练掌握页面设置方法。

(4)熟练掌握表格的制作及表格格式化方法。

(5)熟练掌握文本框的使用方法。

2. 实训内容

(1)对下面的文字加上其名称表示的格式(图 4-38)。

粗体、斜体、加粗又倾斜、下划线、波浪下划线、边框、底纹

参考结果:
粗体、*斜体*、***加粗又倾斜***、<u>下划线</u>、波浪下划线、边框、底纹

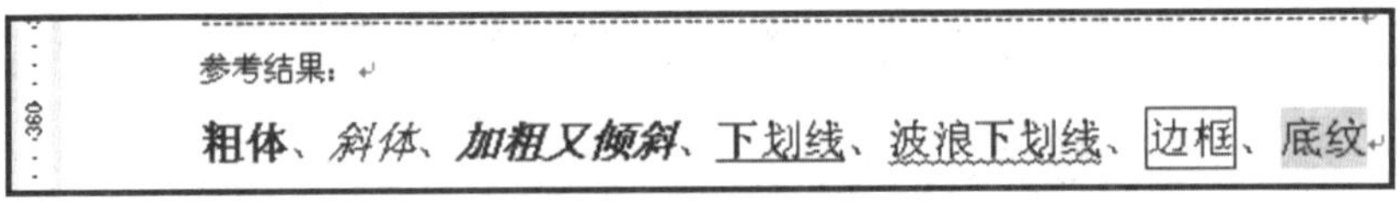

图 4-38　设置文字格式

(2)按要求对下面的文字进行排版。

Word 基本操作

1. 设置字体

设置文字字体时应该先选择文字,然后用"开始"选项卡的"字体"选项组中的"字体"下拉式列表框选择相应的字体。

2.设置字号

设置文字字号时应该先选择文字,然后用"开始"选项卡的"字体"选项组中的"字体"下拉式列表框选择相应的字号。

如果要设置超大字号,应该用"字体"对话框进行设置。

3.设置字形(加粗和倾斜)

设置字形:选择文字,单击"字体"选项组中的"加粗"按钮或"倾斜"按钮,使它按下去,则选择的文字被设置。如果两个按钮都被按下,则字形为既加粗又倾斜。

要求1:首行的大标题设置为宋体三号字、加粗、居中。

要求2:小标题设置为宋体四号字、加粗、无缩进。

要求3:各段落设置为宋体小四号字、首行缩进两个字符。

排版效果如图4-39所示。

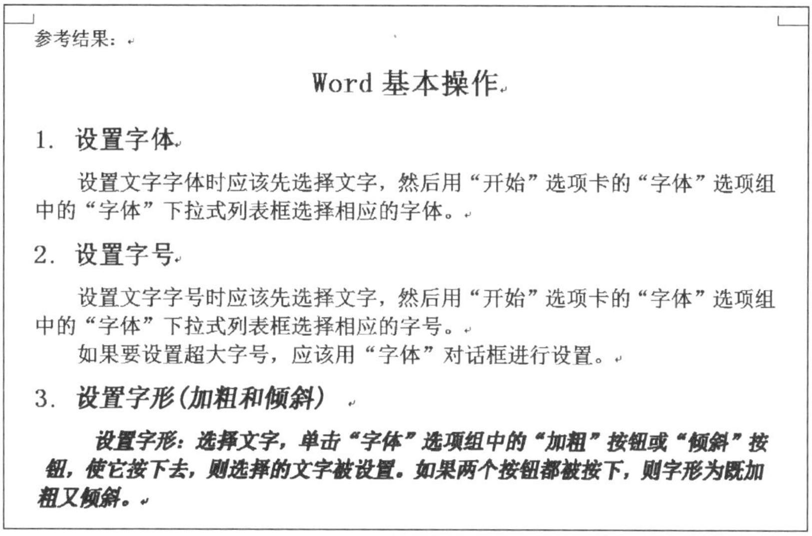

参考结果:

Word 基本操作

1. 设置字体

设置文字字体时应该先选择文字,然后用"开始"选项卡的"字体"选项组中的"字体"下拉式列表框选择相应的字体。

2. 设置字号

设置文字字号时应该先选择文字,然后用"开始"选项卡的"字体"选项组中的"字体"下拉式列表框选择相应的字号。

如果要设置超大字号,应该用"字体"对话框进行设置。

3. 设置字形(加粗和倾斜)

设置字形:选择文字,单击"字体"选项组中的"加粗"按钮或"倾斜"按钮,使它按下去,则选择的文字被设置。如果两个按钮都被按下,则字形为既加粗又倾斜。

图4-39 字形设置效果

(3)为本篇文档设置页眉和页脚。

奇数页的页眉为"中文版 Word 2010",文字居中。

偶数页的页眉为"Word 2010 测试题",文字居右。

页脚为页号,位置居中。

(4)插入表格,制作如图4-40所示的课程表。

星期 课程 节	一	二	三	四	五
一	数学	语文	数学	英语	数学
二	英语	语文	数学	语文	语文
课　　间　　操					
三	物理	数学	语文	化学	英语
四	语文	英语	英语	历史	音乐
午　　　休					
五	美术	化学	物理	计算机	计算机
六	体育	德育	地理	班会	自习
七	自习	自习	自习	自习	大扫除

课程表

图 4－40　制作课程表

提示:该表格的斜线表头是用直线工具和文本框自绘的,绘制好后组合为一个整体。

3.实训指导

(1)启动 Word 2010,在文档中输入以下内容。

粗体、斜体、加粗又倾斜、下划线、波浪下划线、边框、底纹

选中需要设置的文本,单击"字体"选项组 **B** *I* **U** **A** A 中相应选项进行设置;或选中需要设置的文本,单击"字体"选项组中的"对话框启动器"按钮,打开"字体"对话框进行设置。

(2)按要求对下面的文字进行排版。

启动 Word 2010,在文档中输入以下内容。

Word 基本操作

1.设置字体

设置文字字体时应该先选择文字,然后用"开始"选项卡的"字体"选项组中的"字体"下拉式列表框选择相应的字体。

2.设置字号

设置文字字号时应该先选择文字,然后在"开始"选项卡的"字体"选项组中的"字号"下拉式列表框内选择相应的字号。

如果要设置超大字号,应该用"字体"对话框进行设置。

3.设置字形(加粗和倾斜)

设置字形:选择文字,单击"字体"选项组中的"加粗"按钮或"倾斜"按钮,使它按下去,则选择的文字被设置。如果两个按钮都被按下,则字形为既加粗又倾斜。

　　要求1:选中首行大标题文字,单击"字体"选项组中的"对话框启动器"按钮,在打开的"字体"对话框中选择中文字体下的宋体和字号下的三号,单击"确定"按钮,再单击"格式"工具栏上的"加粗"和"居中"按钮。

　　要求2:选中三个小标题"1.设置字体""2.设置字号""3.设置字形(加粗和倾斜)"(注意:用Ctrl键选择不连续多段文本),单击"字体"选项组中的"对话框启动器"按钮,在打开的"字体"对话框中选择中文字体下的宋体和字号下的四号,单击"确定"按钮。

　　要求3:选中三个小标题"1.设置字体""2.设置字号""3.设置字形(加粗和倾斜)"下面的各自然段(注意:用Ctrl键选择不连续多段文本),单击"字体"选项组中的"对话框启动器"按钮,在打开的"字体"对话框中选择中文字体下的宋体和字号下的小四号,单击"确定"按钮;再单击"段落"选项组中的"对话框启动器"按钮,打开"段落"对话框,选择"缩进和间距"选项卡,在"特殊格式"下拉列表框中,选择"首行缩进",将"度量值"设置为"2字符"。

　　(3)为本篇文档设置页眉和页脚。

　　切换到"页面布局"选项卡,单击"页面设置"选项组中的"对话框启动器"按钮,打开"页面设置"对话框,选择"版式"选项卡,在"页眉和页脚"项选择"奇偶页不同"后按"确定"按钮;切换到"插入"选项卡,在"页面和页脚"选项组中单击"页眉"按钮,选择页眉样式,在奇数页页眉处输入"中文版Word 2010"后,在偶数页页眉处输入"Word 2010测试题"。

　　(4)插入表格,制作课程表。

　　切换到"插入"选项卡,在"表格"选项组中单击"表格"按钮,在弹出的下拉菜单中选择"插入表格"命令,打开"插入表格"对话框,设置列、行数分别为6和10,单击"确定"按钮生成一个6列10行的表格。

　　分别选中第4行与第7行,单击"表格"菜单,选择"合并单元格"命令。

　　按照课程表实际内容输入表格的各行各列数据,然后选中该课程表,单击"段落"选项组中的居中对齐按钮,使课程表内容居中对齐。

　　选中第四行"课间操",右击选中区,在快捷菜单中选择"边框和底纹"命令,打开"边框和底纹"对话框,在"填充"项中选择"粉红色","应用于"选择"文字"。

　　选中整个表格,右击选中区,在快捷菜单中选择"边框和底纹"命令,打开"边框和底纹"对话框,在"边框"选项卡中选择"方框","线型"选择"双实线","颜色"选择"红色",按"确定"按钮完成课程表的边框设置。

　　选中整个表格,右击选中区,在快捷菜单中选择"边框和底纹"命令,打开"边框和底纹"对话框,在"边框"选项卡中选择"自定义""线型"。

第五章　Excel 2010 基础应用实训

实训十　Excel 2010 基本操作

1. 实训目标

(1)掌握 Excel 2010 启动、退出及工作簿的保存。

(2)掌握 Excel 2010 表格的数据输入和编辑。

(3)掌握 Excel 2010 工作表的编辑。

2. 实训内容

(1)启动 Excel 2010,在工作表 Sheet1 中输入如图 5-1 所示的学生成绩数据。

	A	B	C	D	E	F	G
1	学号	姓名	性别	大学英语	高等数学	计算机基础	
2	090510301	高原	男	73	78	87	
3	090510302	田园	女	86	80	91	
4	090510303	宋小新	女	74	76	56	
5	090510304	森林	男	66	67	74	
6	090510305	安静	女	75	79	80	
7	090510306	王小	男	81	85	78	
8	090510307	张木	男	80	81	72	
9	090510308	原野	男	58	76	80	
10	090510309	江河	男	87	86	81	
11							

图 5-1　学生成绩数据

(2)在"学号"列左侧插入"序号"列,用填充方法输入"1~10"序号值。

(3)在表格首行添加一个空行,输入标题文字"学生成绩表"。

(4)在"原野"记录前插入一条学生记录,数据为"090510320　黄如冰　女　85　88　79"。

(5)重新修改序号值,按从小到大的顺序排列。

(6)复制工作表 Sheet1 到 Sheet3 之后,将复制的工作表重命名为"成绩表"。结果如图 5-2所示。

(7)保存文件,文件名为"学生成绩表. xlsx"。

	A	B	C	D	E	F	G	H
1	学生成绩表							
2	序号	学号	姓名	性别	大学英语	高等数学	计算机基础	
3	1	090510301	高原	男	73	78	87	
4	2	090510302	田园	女	86	80	91	
5	3	090510303	宋小新	女	74	76	56	
6	4	090510304	森林	男	66	67	74	
7	5	090510305	安静	女	75	79	80	
8	6	090510306	王小	男	81	85	78	
9	7	090510307	张木	男	80	81	72	
10	8	090510320	黄如冰	女	85	88	79	
11	9	090510308	原野	男	58	76	80	
12	10	090510309	江河	男	87	86	81	
13								

图 5-2　成绩表操作结果

3. 实训指导

(1)单击 Windows"开始"→"所有程序"→"Microsoft Office"→"Microsoft Excel 2010"选项,启动 Excel 2010。

(2)选定工作表 Sheet1,单击 A1 单元格使其成为活动单元格,并输入内容"学号",按 Tab 键激活 B1 单元格输入"姓名",同样方法依次输入性别、大学英语、高等数学、计算机基础及其他数据。

(3)单击 A2 单元格,先输入单引号"'",然后输入"090510301",选定 A2 单元格,向下拖动填充至 A10 单元格,填充完成学号的输入。

(4)单击 B2 单元格,输入"高原"后按回车键,继续输入其他学生姓名。

(5)用上述同样的方法输入表中其他各科成绩。

(6)选定 A1 单元格,单击"插入"→"列"菜单命令,在插入列输入列标题"序号"。在 A2 单元格中输入 1、A3 单元格输入 2,选定 A2:A3 单元格区域,拖动填充柄至 A10 单元格,填充完成序号的输入。

(7)选定 A1 单元格成为活动单元格,单击"插入"→"行"菜单命令,在插入行输入标题行文字"学生成绩表"。

(8)单击工作表行号 9,选定"原野"所在行,单击"插入"→"行"菜单命令,在插入的空行中,输入学生"黄如冰"的数据。

(9)重新选定 A2:A3 单元格区域,拖动填充柄至 A11 单元格,修改序号。

(10)鼠标指向工作表 Sheet1 标签,按住 Ctrl 键,拖曳鼠标至 Sheet3 后,得到复制的工作表 Sheet1(2)。

(11)双击工作表 Sheet1(2)标签,将工作表 Sheet1(2)更名为"成绩表"。

(12)单击"文件"→"保存"菜单命令或单击"保存"工具按钮,将默认工作簿 Book1 另存(保存)为"学生成绩表.xlsx"。

实训十一　Excel 2010 工作表格式化

1. 实训目标

(1)掌握工作表格式化的方法。

(2)设置表格的行高、列宽。

(3)设置表格的边框和底纹。

(4)掌握表格中数据格式设置。

2. 实训内容

按照如下要求,将如图 5-2 所示的学生成绩表进行格式化,并将其保存。

(1)设置表头(第一行):合并及水平居中、楷体 20 号、深蓝色底纹、黄色字体、行高 25、垂直居中。

(2)设置列标题行:浅绿底纹、水平居中。

(3)设置 E3:G12 单元格区域的数据右对齐,并保留 1 位小数,其余单元格数据居中。

(4)将 E3:G12 单元格区域中所有小于 60 的单元格数据设置为红色加粗。

(5)将表格的外边框线设置为最粗蓝色实线,内边框设置为红色细单实线。

(6)将所有的列宽设置为合适的列宽。

(7)将工作表所有数据复制到 Sheet2,并重命名为"成绩表格式化"。

3. 实训指导

(1)打开工作簿"学生成绩表.xlsx",单击"成绩表"标签。

(2)选定 A1:G1 单元格区域,单击"对齐方式"选项组中的"合并及居中"按钮；切换到"开始"选项卡,在"数字"选项组中单击"对话框启动器"按钮,打开"单元格格式"对话框。单击"字体"选项卡中的"楷体"字体、"24"字号选项；在"填充"选项卡中选择"深蓝色"底纹；在"对齐"选项卡的"垂直对齐"选项中选择"居中"命令；单击"确定"按钮；在"单元格"选项组中单击"格式"按钮,从下拉菜单中选择"行高"命令,在"行高"对话框中输入"25",单击"确定"按钮。

(3)选定 A2:G2 单元格区域,切换到"开始"选项卡,在"数字"选项组中单击"对话框启动器"按钮,打开"单元格格式"对话框。在"填充"选项卡中选择"浅绿"底纹,单击"确定"按钮；在"对齐"选项卡的"水平对齐"选项中选择"居中"命令。

(4)选定 E3:G12 单元格区域,单击"对齐方式"选项组中的"右对齐"按钮；打开"单元格格式"对话框,在"数字"选项卡中的"分类"列表框中选择"数值",单击"小数点后位数"数值框的按钮,将其设置为1,单击"确定"按钮;选定A3:D12单元格区域,单击"对齐方式"选项组中的"居中"按钮▤。

(5)选定E3:G12单元格,切换到"开始"选项卡,在"样式"选项组中单击"条件格式"按钮,从下拉菜单中选择"新建规则"命令,打开"新建规则"对话框,在"选择规则类型"栏单击"只为包含以下内容的单元格设置格式"命令,在"编辑规则说明"栏的"介于"选项中选择"小于",输入"60";单击"格式"按钮,在"单元格格式"对话框中选择红色、加粗,单击"确定"按钮,返回"条件格式"对话框,再单击"确定"按钮。

(6)选定表头及数据区域(A1:G12),单击"单元格"选项组中的"格式"按钮,从下拉菜单中选择"自动调整列宽"命令。

(7)选定A1:G12单元格区域,打开"单元格格式"对话框,在"边框"选项卡中选择最粗的实线、蓝色,在"预设"栏中单击"外边框"按钮;再选择最细的实线、红色,在"预设"栏中单击"内部"按钮,单击"确定"按钮。效果如图5-3所示。

	A	B	C	D	E	F	G	H
1			学生成绩表					
2	序号	学号	姓名	性别	大学英语	高等数学	计算机基础	
3	1	090510301	高原	男	73.0	78.0	87.0	
4	2	090510302	田园	女	86.0	80.0	91.0	
5	3	090510303	宋小新	女	74.0	76.0	**56.0**	
6	4	090510304	森林	男	66.0	67.0	74.0	
7	5	090510305	安静	女	75.0	79.0	80.0	
8	6	090510306	王小	男	81.0	85.0	78.0	
9	7	090510307	张木	男	80.0	81.0	72.0	
10	8	090510320	黄如冰	女	85.0	88.0	79.0	
11	9	090510308	原野	男	**58.0**	76.0	80.0	
12	10	090510309	江河	男	87.0	86.0	81.0	
13								

图5-3 成绩表格式化

(8)选定所有数据,单击"剪贴板"选项组中的"复制"菜单命令,选定Sheet2工作表标签,单击A1单元格,选择"编辑"→"粘贴"菜单命令。

(9)将鼠标指向Sheet2工作表标签,选择右键菜单中的"重命名"选项,将工作表名修改为"成绩表格式化"。

(10)单击"文件"→"保存"菜单命令,保存文件。

实训十二 Excel 2010 公式与函数

1. 实训目标

(1)掌握 Excel 2010 公式的使用。

(2)掌握 Excel 2010 常用函数的使用方法。

(3)掌握单元格的绝对地址与相对地址的使用。

2. 实训内容

(1)建立如图 5-4 所示的"职工工资表",并按下列要求进行操作。

	A	B	C	D	E	F
1	职工工资表					
2	职工号	销售额	基本工资	提成	实发工资	
3	S001	5678	2600			
4	S002	3458	1000			
5	S003	2356	800			
6	S004	5678	2500			
7	S005	4567	2000			
8	S006	8756	3000			
9	合计					
10						
11						
12		平均实发工资:				
13		最高实发工资:				
14	销售额为5678的职工人数:					
15						
16						

图 5-4 职工工资表

(2)销售额超过 5 000 的职工按 10% 提成,其他职工按 5% 提成。

(3)计算每个职工的"实发工资"(实发工资 = 基本工资 + 提成),并将其放在相应单元格中。

(4)计算所有职工的"销售额""基本工资""提成"和"实发工资"的合计,并分别将其放在"合计"所在行相应的单元格中。

(5)计算所有职工"实发工资"的平均值,并将其放在 D12 单元格。

(6)求"实发工资"最高值,结果放在 D13 单元格。

(7)统计销售额为 5 678 的职工人数,并将其放在 D14 单元格。

(8)以"职工工资表"为工作簿名保存文件。

3. 实训指导

(1)启动 Excel 2010,在工作表 Sheet1 中输入如图 5-4 所示的职工工资数据。

(2)选定 D3 单元格,在数据编辑区输入公式" = IF(B3 > 5000,B3 * 10%,B3 * 5%)",

单击工作表任意位置或按 Enter 键;选定 D3 单元格,向下拖动填充柄至 D8 单元格。

(3)选定 E3 单元格,在数据编辑区输入公式"= C3 + D3",单击工作表任意位置或按 Enter 键;选定 E3 单元格,向下拖动填充柄至 E8 单元格。

(4)选定 B9 单元格,在数据编辑区输入公式"= SUM(B3:B8)",单击工作表任意位置或按 Enter 键;选定 B9 单元格,向右拖动填充柄至 E9 单元格。

(5)选定 D12 单元格,在数据编辑区输入公式"= AVERAGE(E3:E8)",单击工作表任意位置或按 Enter 键。

(6)选定 D13 单元格,在数据编辑区输入公式"? = MAX(E3:E8)",单击工作表任意位置或按 Enter 键。

(7)选定 D14 单元格,在数据编辑区输入公式"= COUNTIF(B3:B8,"=5678")",单击工作表任意位置或按 Enter 键。结果如图 5 - 5 所示。

	A	B	C	D	E	F
1	职工工资表					
2	职工号	销售额	基本工资	提成	实发工资	
3	S001	5678	2600	567.8	6245.8	
4	S002	3458	1000	172.9	3630.9	
5	S003	2356	800	117.8	2473.8	
6	S004	5678	2500	567.8	6245.8	
7	S005	4567	2000	228.35	4795.35	
8	S006	8756	3000	875.6	9631.6	
9	合计	30493	11900	2530.25	33023.25	
10						
11						
12			平均实发工资:	9631.6		
13			最高实发工资:	9631.6		
14	销售额为5678的职工人数:			2		
15						

图 5 - 5 统计结果

(8)单击"文件"→"保存"菜单命令,输入文件名"职工工资表",单击"确定"按钮。

实训十三 Excel 2010 图表应用

1. 实训目标

(1)掌握创建图表的方法。

(2)掌握图表的编辑和格式化。

2. 实训内容

(1)建立如图 5 - 6 所示的"销售情况统计表"。

	A	B	C	D
1	销售情况统计表			
2	分店	销售量（辆）	所占比例	
3	第一分店	21345		
4	第二分店	24283		
5	第三分店	34534		
6	第四分店	18869		
7	第五分店	21178		
8	第六分店	32632		
9	总计			
10				

图 5 - 6　销售情况统计表

（2）对该工作表进行计算,计算销售量的总计,置 B9 单元格;计算"所占比例"列的内容（百分比型,保留小数点后 2 位）,置 C3:C8 单元格区域;设置 A2:C9 单元格区域中内容水平对齐方式为"居中"。

（3）对所完成的工作表建立图表,选取"分店"列和"所占比例"列建立"分离型三维饼图",图表标题为"销售情况统计图",图例位置为底部,并在图表中显示数据的"百分比",将图插入到工作表的 A11:C21 单元格区域内。

（4）设置图表区的字体大小为 11 号,边框为最粗的圆角边框,底纹为"纹理"中的"花束"。

（5）设置图表标题为 14 号、加粗、红色。

（6）保存工作簿,命名为"销售情况表"。

3. 实训指导

（1）启动 Excel 2010,在工作表 Sheet1 中输入如图 5 - 6 所示数据。

（2）选定 B9 单元格,在数据编辑区输入公式" = SUM（B3:B8）",单击工作表任意位置或按 Enter 键;选定 C3 单元格,在数据编辑区输入公式" = B3/B＄9",单击工作表任意位置或按 Enter 键;选定 C3 单元格,向下拖动填充柄至 C8 单元格;选定 C3:C8 单元格区域,单击"数字"选项组中的"减少小数点位数"（保留 2 位小数）、"百分比"按钮。

（3）选定"分店"列（A2:A8 单元格）和"所占比例"列（C2:C8 单元格）,单击"插入"选项卡,在"图表"选项组中单击"饼图"按钮,在下拉菜单中选择"分离型三维饼图",如图 5 - 7 所示,生成的图表如图 5 - 8 所示。单击生成的饼图上的"所占比例"字符,使之处于可编辑状态（如图 5 - 9 所示）,修改为"销售情况统计表"（如图 5 - 10 所示）。

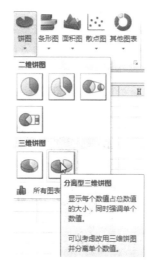

图 5 - 7 "饼图"按钮

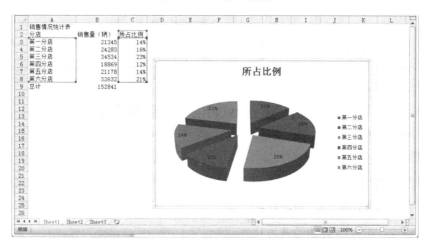

图 5 - 8 生成饼图

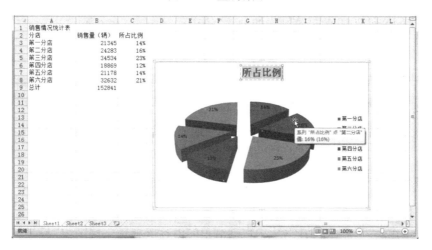

图 5 - 9 编辑饼图中的标题

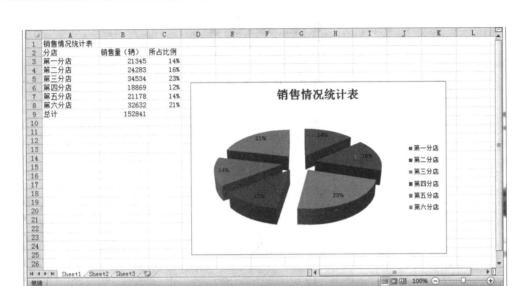

图 5 – 10　修改后的饼图

（4）单击图表,调整图表大小并移动到 A11:C21 单元格区域内。

（5）单击"文件"→"保存"菜单命令,输入文件名"销售情况表",单击"确定"按钮。

实训十四　Excel 2010 数据管理

1．实训目标

（1）掌握数据清单的使用方法。

（2）熟练掌握 Excel 2010 数据排序方法。

（3）掌握 Excel 2010 数据筛选方法。

（4）掌握 Excel 2010 数据汇总方法。

（5）掌握 Excel 2010 数据透视表的创建方法。

2．实训内容

新建工作簿,在工作表 Sheet1 中输入如图 5 – 11 所示数据,进行如下操作。

（1）使用记录单,在工作表中增加一个新记录。

（2）按公式"学期成绩 = 平时成绩×50% + 期末成绩×50%",计算"学期成绩",并填入对应列中。

（3）将工作表重命名为"选修课成绩",分别复制工作表"选修课成绩（2）"~"选修课成绩（5）"。

（4）对工作表"选修课成绩（2）"中数据清单的内容按主要关键字为"科目"的递增次序和次要关键字为"学期成绩"的递减次序进行排序,工作表重命名为"排序"。

	A	B	C	D	E	F	G
1	选修课学生成绩表						
2	科目	学号	姓名	班级	平时成绩	期末成绩	学期成绩
3	自然科学	05106110	王坤	营销	51	60	56
4	人文社科	5103207	王宏	财会	74	56	65
5	人文社科	3109166	林燕	汽修	86	91	89
6	应用文	051032307	李聪	财会	66	74	70
7	电子商务	04102104	陈帆	计应	92	83	88
8	会计学	07101303C	宁明平	建筑	75	80	78
9	人文社科	04102108	李稳	计应	86	90	88
10	会计学	08101101	钟玉容	初教	85	83	84
11	电子商务	03107131	陈洁	数控	80	72	76
12	应用文	05106110	王坤	营销	60	54	57
13	自然科学	07101303C	宁明平	建筑	81	78	80
14	电子商务	03105108	宋有名	数控	60	56	58
15	会计学	8101368	周丹	初教	87	81	84

图 5 - 11　选修课学生成绩表

(5)对工作表"选修课成绩(3)"中数据清单的内容进行自动筛选,筛选出"学期成绩"为 80 ~ 89 的学生记录,工作表重命名为"自动筛选"。

(6)在工作表"选修课成绩(4)"中对数据清单的内容进行高级筛选,筛选出选修"科目"为"电子商务",并且"数控"班级的"学期成绩"小于 60 的学生记录,筛选后的结果放在数据的下方,工作表重命名为"高级筛选"。

(7)对工作表"选修课成绩(5)"中数据清单的内容进行分类汇总,分类字段为"科目",汇总方式为"平均值",汇总项为"学期成绩",汇总结果显示在数据下方。工作表重命名为"汇总"。

(8)对工作表"选修课成绩"中的数据清单内容建立数据透视表,显示各科目、各班级、各学生的平时成绩、期末成绩和学期成绩以及汇总信息。

3. 实训指导

(1)建立数据清单。

启动 Excel 2010,在工作表 Sheet1 中按图 5 - 11 所示输入数据。

(2)使用数据清单。

单击"快速访问工具栏"右侧的向下箭头按钮,在下拉菜单中选择"其他命令",打开"Excel 选项"对话框,在"下列位置选择命令"下拉列表中选择"所有命令",在左侧的列表框中找到"记录单"命令,单击"添加"按钮,此时,记录单命令出现在快速访问工具栏中。单击数据清单工作表中的任一单元格,选择快速访问工具栏中的"记录单",打开数据清单对话框。单击"新建"按钮,屏幕出现一个新记录的数据清单,按 Tab 键依次输入各项,添加新记录,如图 5 - 12 所示。单击"关闭"按钮。

图 5 – 12　添加新记录

（3）计算"学期成绩"。

选定 C3 单元格，在数据编辑区输入公式" = E3 * 0.5 + F3 * 0.5"，单击工作表任意位置或按 Enter 键；选定 G3 单元格，向下拖动填充柄至 G17 单元格。

（4）双击 Sheet1 标签，将工作表 Sheet1 重命名为"选修课成绩"。选定工作表"选修课成绩"标签，按住 Ctrl 键，拖动标签复制工作表"选修课成绩（2）"。按照同样方法，复制工作表"选修课成绩（3）"~"选修课成绩（5）"。

（5）选定表"选修课成绩（2）"标签，单击数据清单的任意单元格；选择"数据"选项卡，在"排序和筛选"选项组中单击"排序"菜单命令，弹出"排序"对话框，在"主要关键字"下拉列表框中选择"科目"字段，在"次序"下拉列表框中选择"升序"字段，如图 5 – 13 所示；单击"添加条件"按钮，在"次要关键字"下拉列表框中选择"学期成绩"字段，在"次序"下拉列表框中选择"降序"字段；单击"确定"按钮。效果如图 5 – 14 所示。双击"选修课成绩（3）"工作表标签或鼠标右键单击工作表标签，在弹出的菜单中选择"重命名"，将工作表名更名为"排序"。

图 5 – 13　"排序"对话框

	A	B	C	D	E	F	G
1	选修课学生成绩表						
2	科目	学号	姓名	班级	平时成绩	期末成绩	学期成绩
3	电子商务	04102104	陈帆	计应	92	83	88
4	电子商务	03109166	周小燕	汽修	73	87	80
5	电子商务	03107131	陈洁	数控	80	72	76
6	电子商务	03105108	宋有名	数控	60	56	58
7	会计学	08101101	钟玉容	初教	85	83	84
8	会计学	8101368	周丹	初教	87	81	84
9	会计学	071013030	宁明平	建筑	75	80	78
10	人文社科	03109166	林燕	汽修	86	91	89
11	人文社科	04102108	李稳	计应	86	90	88
12	人文社科	05103207	王宏	财会	74	56	65
13	应用文	051032307	李聪	财会	66	74	70
14	应用文	05106110	王坤	营销	60	54	57
15	自然科学	071013030	宁明平	建筑	81	78	80
16	自然科学	5107126	钟雨	投资	58	80	69
17	自然科学	05106110	王坤	营销	51	60	56
18							

图 5 - 14　排序结果

（6）自动筛选。

选定表"选修课成绩(3)"标签,单击数据清单的任意单元格;切换到"数据"选项卡,在"排序和筛选"选项组中选择"筛选"命令。在每个字段旁显示出筛选器箭头,单击"学期成绩"筛选器箭头,在弹出的菜单中选择"数字筛选"→"自定义筛选",打开"自定义自动筛选方式"对话框,输入筛选条件,如图 5 - 15 所示("大于或等于""80""小于""90"),筛选出"学期成绩"在80 ~ 89 的学生记录。效果如图 5 - 16所示。双击工作表标签,重命名为"自动筛选"。

图 5 - 15　筛选条件

	A	B	C	D	E	F	G
1	选修课学生成绩表						
2	科目	学号	姓名	班级	平时成绩	期末成绩	学期成绩
3	电子商务	03109166	周小燕	汽修	73	87	80
4	人文社科	03109166	林燕	汽修	86	91	89
5	电子商务	04102104	陈帆	计应	92	83	88
6	人文社科	04102108	李稳	计应	86	90	88
7	会计学	08101101	钟玉容	初教	85	83	84
8	会计学	8101368	周丹	初教	87	81	84
9	自然科学	071013030	宁明平	建筑	81	78	80
10							

图 5 - 16　自动筛选

选择"排序和筛选"选项组的"清除"命令,即可显示全部记录。再次选择"自动筛选"命令,退出自动筛选状态。

(7)高级筛选。

选定表"选修课成绩(4)"标签,在工作表的空白区建立条件区域,输入条件式;单击数据区域中任意单元格,选择"排序和筛选"选项组中的"高级筛选"命令,弹出"高级筛选"对话框,选择"方式"中"将筛选结果复制到其他位置"选项;单击"条件区域"右侧按钮,拖动鼠标选定 C20:E21 单元格区域;单击"复制到"右侧按钮,拖动鼠标选定筛选结果单元格区域 A24:G25;单击"确定"按钮,筛选结果如图 5-17 所示。双击"选修课成绩(4)"工作表标签,重命名工作表为"高级筛选"。

	A	B	C	D	E	F	G
2	科目	学号	姓名	班级	平时成绩	期末成绩	学期成绩
3	电子商务	03109166	周小燕	汽修	73	87	80
4	自然科学	05106110	王坤	营销	51	60	56
5	人文社科	05103207	王宏	财会	74	56	65
6	人文社科	03109166	林燕	汽修	86	91	89
7	应用文	051032307	李聪	财会	66	74	70
8	电子商务	04102104	陈帆	计应	92	83	88
9	会计学	071013030	宁明平	建筑	75	80	78
10	人文社科	04102108	李稳	计应	86	90	88
11	会计学	08101101	钟玉容	初教	85	83	84
12	电子商务	03107131	陈洁	数控	80	72	76
13	应用文	05106110	王坤	营销	60	54	57
14	自然科学	071013030	宁明平	建筑	81	78	80
15	电子商务	03105108	宋有名	数控	60	56	58
16	会计学	8101368	周丹	初教	87	81	84
17	自然科学	5107126	钟雨	投资	58	80	69
18							
19							
20			科目	班级	学期成绩		
21			电子商务	数控	<60		
22							
23							
24	科目	学号	姓名	班级	平时成绩	期末成绩	学期成绩
25	电子商务	03105108	宋有名	数控	60	56	58
26							

图 5-17　高级筛选

(8)分类汇总。

选定表"选修课成绩(5)"标签,选定工作表中"科目"列的任意单元格,单击"排序和筛选"选项组的升序或降序按钮,对汇总字段"科目"排序;选定工作表中任意单元格,选择"分级显示"选项组中的"分类汇总"命令,弹出"分类汇总"对话框,如图 5-18 所示。在"分类字段"列表框中单击"科目"列;在"汇总方式"列表框中,单击所需用于计算分类汇总的汇总函数,这里单击"平均值";在"选定汇总项"列表框中,选中需要进行分类汇总数值列的每一列前的复选框;这里选中"学期成绩"列前的复选框,单击"确定"按钮。用窗口左上部的按钮查看分类汇总的结果,如图 5-19 所示。选择"数据"→"分类汇总"菜单命令,在弹出的对话框中,单击"全部删除"按钮,可恢复原数据表。

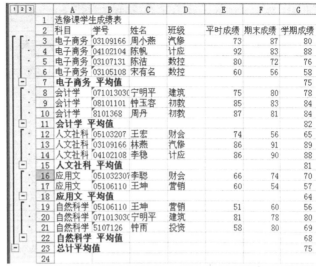

图 5－18　"分类汇总"对话框　　　　　　　　　　图 5－19　分类汇总

（9）数据透视表。

选定工作表"选修课成绩"标签，单击数据清单中任意单元格；切换到"插入"选项卡，在"表格"选项组中选中"数据透视表"按钮，在下拉菜单中选择"数据透视表"命令，打开"数据透视表字段列表"任务窗格，将"姓名"字段拖动到"列标签"中，将"科目"字段拖动到"行标签"中，将"平时成绩""期末成绩""学期成绩"拖动到"数值"标签中，如图 5－20 所示。生成的数据透视表如图 5－21 所示。

图 5－20　"数据透视表字段列表"任务窗格

	A	B	C	D	E	F	G	H	I	J	K	L	M	N	O	P
1	班级	(全部)	▼													
2																
3			姓名	▼												
4	科目 ▼	数据	陈帆	陈洁	李聪	李稳	林燕	宁明平	宋有名	王宏	王坤	钟雨	钟玉容	周丹	周小燕	总计
5	电子商务	求和项:平时成绩	92	80					60						73	305
6		求和项:期末成绩	83	72					56						87	298
7		求和项:学期成绩	87.5	76					58						80	301.5
8	会计学	求和项:平时成绩						75					85	87		247
9		求和项:期末成绩						80					83	81		244
10		求和项:学期成绩						77.5					84	84		245.5
11	人文社科	求和项:平时成绩				86	86			74						246
12		求和项:期末成绩				90	91			56						237
13		求和项:学期成绩				88	88.5			65						241.5
14	应用文	求和项:平时成绩			66						60					126
15		求和项:期末成绩			74						54					128
16		求和项:学期成绩			70						57					127
17	自然科学	求和项:平时成绩						81			51	58				190
18		求和项:期末成绩						78			60	80				218
19		求和项:学期成绩						79.5			55.5	69				204
20	求和项:平时成绩汇总		92	80	66	86	86	156	60	74	111	58	85	87	73	1111
21	求和项:期末成绩汇总		83	72	74	90	91	158	56	56	114	80	83	81	87	1125
22	求和项:学期成绩汇总		87.5	76	70	88	88.5	157	58	65	112.5	69	84	84	80	1119.5
23																

图 5 – 21　数据透视表

（10）单击"文件"→"保存"菜单命令，输入文件名"选修课成绩"，单击"确定"按钮。

实训十五　Excel 2010 综合实训

1. 实训目标

（1）进一步熟悉 Excel 2010 的常用功能。

（2）熟练掌握在 Excel 2010 中创建表格、图表的方法和技巧。

（3）能够根据实际需要，熟练运用公式与函数，以及工作表的数据库操作对数据进行计算、处理和分析。

2. 实训内容

（1）建立如图 5 – 22 所示的饮料销售统计表。

（2）计算各饮料的"销售额""毛利润"和"毛利率"。计算公式分别为销售额 = 售价 × 数量、毛利润 = （售价 – 进价）× 数量、毛利率 = （售价 – 进价）/售价，保留两位小数。将工作表命名为"饮料销售表"。

（3）建立表"饮料销售"的三个副本"饮料销售（2）""饮料销售（3）""饮料销售（4）"。

（4）在表"饮料销售（2）"中，按"饮料店"对销售额和毛利润进行分类汇总，汇总结果显示在数据下方。将工作表更名为"饮料店汇总"。

（5）在表"饮料销售（3）"中，按照"饮料名称"对销售额和毛利润进行分类汇总（汇总方式为求和），对汇总结果中的毛利润列按降序排序，找出毛利润最大的饮料，并将结果填入表"饮料销售（4）"的 E22 单元格中。将表"饮料销售（3）"更名为"饮料名称汇总"。

（6）为表"饮料销售"建立数据透视表，行显示"饮料名称"，列显示"饮料店"，"销售额"显示在数据区。将数据透视表显示在新工作表中，并将数据透视表命名为"销售统计"。

（7）根据数据透视表，对销售额按降序排序，找出销售额最大的两种饮料。

（8）在表"销售统计"中，用最大值函数（MAX）求出各饮料店"销售额"最大的饮料的"销售额"。

（9）在表"饮料店汇总"中，分别选择"饮料店""销售额"和"毛利润"三列作"两轴线 – 柱图"图表。

3. 实训指导

（1）启动 Excel 2010，在工作表 Sheet1 中输入如图 5 – 22 所示的饮料销售统计表。

	A	B	C	D	E	F	G	H	I
1	饮料销售统计表								
2									
3	统计日期	2011-7-24							
4	饮料店	饮料名称	单位	数量	进价（元）	售价（元）	销售额	毛利润	利润率(%)
5	嘉陵店	百事可乐	瓶	194	2.2	2.7			
6	顺庆店	统一绿茶	瓶	235	2	2.5			
7	嘉陵店	雪碧	听	189	2.2	2.7			
8	高坪店	统一绿茶	瓶	260	2.1	2.6			
9	顺庆店	百事可乐	瓶	268	2.2	2.7			
10	高坪店	百事可乐	瓶	157	2.2	2.7			
11	高坪店	七喜	听	167	1.9	2.4			
12	嘉陵店	统一绿茶	瓶	214	2	2.5			
13	顺庆店	王老吉	合	163	1.9	2.4			
14	高坪店	红牛	听	112	3.4	4.4			
15	顺庆店	雪碧	听	179	2.2	2.7			
16	嘉陵店	红牛	听	92	3.4	4.4			
17	嘉陵店	健力宝	听	141	1.9	2.4			
18	顺庆店	红牛	听	158	3.4	4.4			
19	高坪店	王老吉	合	175	1.9	2.4			
20									
21									
22			毛利润最大饮料						
23			销售额最大的二种饮料						
24			高坪店最大销售额						
25			嘉陵店最大销售额						
26			顺庆店最大销售额						
27									
28									

图 5 – 22　饮料销售统计表

（2）选定 G5 单元格，在数据编辑区输入公式" = F5 * D5"，单击工作表任意位置，选定 G5 单元格，向下拖动填充柄至 G19 单元格；选定 H5 单元格，在数据编辑区输入公式" = (F5 – E5) * D5"，单击工作表任意位置，选定 H5 单元格，向下拖动填充柄至 H19 单元格；选定 I5 单元格，在数据编辑区输入公式" = (F5 – E5)/F5"，单击工作表任意位置，选定 I5 单元格，向下拖动填充柄至 I19 单元格。

选定 G5:H19 单元格区域，"格式"→"单元格"菜单命令，选择"数字"标签下的选项卡，选择"分类"为"数值"，"小数位数"为"2"，单击"确定"按钮；选定 I5:I19 单元格区域，"格式"→"单元格"菜单命令，选择"数字"标签下的选项卡，选择"分类"为"百分比"，"小数位数"为"2"，单击"确定"按钮。双击工作表标签，命名为"饮料销售"。结果如图 5 – 23 所示。

（3）选定表"饮料销售"标签，按住"Ctrl"键拖动标签，复制表"饮料销售（2）"。按照同样方法，复制表"饮料销售（3）"和表"饮料销售（4）"。

	A	B	C	D	E	F	G	H	I	J
1	饮料销售统计表									
2										
3	统计日期	2011-7-24								
4	饮料店	饮料名称	单位	数量	进价（元）	售价（元）	销售额	毛利润	利润率(%)	
5	嘉陵店	百事可乐	瓶	194	2.2	2.7	523.80	97.00	18.52%	
6	顺庆店	统一绿茶	瓶	235	2	2.5	587.50	117.50	20.00%	
7	嘉陵店	雪碧	听	189	2.2	2.7	510.30	94.50	18.52%	
8	高坪店	统一绿茶	瓶	260	2.1	2.6	676.00	130.00	19.23%	
9	顺庆店	百事可乐	瓶	268	2.2	2.7	723.60	134.00	18.52%	
10	高坪店	百事可乐	瓶	157	2.2	2.7	423.90	78.50	18.52%	
11	高坪店	七喜	听	167	1.9	2.4	400.80	83.50	20.83%	
12	嘉陵店	统一绿茶	瓶	214	2	2.5	535.00	107.00	20.00%	
13	顺庆店	王老吉	合	163	1.9	2.4	391.20	81.50	20.83%	
14	高坪店	红牛	听	112	3.4	4.4	492.80	112.00	22.73%	
15	顺庆店	雪碧	听	179	2.2	2.7	483.30	89.50	18.52%	
16	嘉陵店	红牛	听	92	3.4	4.4	404.80	92.00	22.73%	
17	嘉陵店	健力宝	听	141	1.9	2.4	338.40	70.50	20.83%	
18	顺庆店	红牛	听	158	3.4	4.4	695.20	158.00	22.73%	
19	高坪店	王老吉	合	175	1.9	2.4	420.00	87.50	20.83%	
20										
21										
22			毛利润最大饮料							
23			销售额最大的二种饮料							
24			顺庆店最大销售额							
25			高坪店最大销售额							
26			嘉陵店最大销售额							
27										

图 5 - 23　饮料销售

（4）单击表"饮料销售（2）"标签，选定"饮料店"列的任意单元格，单击"排序和筛选"选项组中的升序或降序按钮，对汇总字段"饮料店"排序；选定表中任意单元格，单击"分类显示"选项组中的"分类汇总"命令，弹出"分类汇总"对话框，在"分类字段"列表框中单击"饮料店"列，在"汇总方式"列表框中，单击"求和"，在"选定汇总项"列表框中，选中"销售额""毛利润"列的复选框，单击"确定"按钮。结果如图 5 - 24 所示。然后双击工作表标签，更名为"饮料店汇总"。

123		A	B	C	D	E	F	G	H	I
	2									
	3	统计日期	2011-7-24							
	4	饮料店	饮料名称	单位	数量	进价（元）	售价（元）	销售额	毛利润	利润率(%)
	5	顺区店	王老吉	合	18	1.9	2.4	43.20	9.00	20.83%
	6	顺区店 汇总						43.20	9.00	
	7	顺庆店	娃哈哈纯净水	瓶	71	1.1	1.4	99.40	21.30	21.43%
	8	顺庆店	可口可乐	瓶	32	2.3	2.8	89.60	16.00	17.86%
	9	顺庆店	红牛	听	79	3.4	4.4	347.60	79.00	22.73%
	10	顺庆店	百事可乐	瓶	57	2.2	2.7	153.90	28.50	18.52%
	11	顺庆店 汇总						690.50	144.80	
	12	嘉陵店	雪碧	听	48	2.2	2.7	129.60	24.00	18.52%
	13	嘉陵店	统一绿茶	瓶	98	2	2.5	245.00	49.00	20.00%
	14	嘉陵店	脉动	瓶	29	2.2	2.8	81.20	17.40	21.43%
	15	嘉陵店	健力宝	听	34	1.9	2.4	81.60	17.00	20.83%
	16	嘉陵店	百事可乐	瓶	48	2.2	2.7	129.60	24.00	18.52%
	17	嘉陵店 汇总						667.00	131.40	
	18	高坪店	娃哈哈纯净水	瓶	50	1.1	1.4	70.00	15.00	21.43%
	19	高坪店	王老吉	合	10	1.9	2.4	24.00	5.00	20.83%
	20	高坪店	统一奶茶	瓶	60	2.1	2.6	156.00	30.00	19.23%
	21	高坪店	七喜	听	63	1.9	2.4	151.20	31.50	20.83%
	22	高坪店	乐百氏纯净水	瓶	89	1.2	1.5	133.50	26.70	20.00%
	23	高坪店	健力宝	听	41	1.9	2.4	98.40	20.50	20.83%
	24	高坪店 汇总						633.10	128.70	
	25	总计						2033.80	413.90	
	26									

图 5 - 24　饮料店汇总

（5）单击表"饮料销售（3）"标签，选定"饮料名称"列的任意单元格，单击工具栏的升序或降序按钮，对汇总字段"饮料名称"排序；选定表中任意单元格，单击"分类显示"选项组中的"分类汇总"命令，弹出"分类汇总"对话框，在"分类字段"列表框中单击"饮料名称"列，在"汇总方式"列表框中，单击"求和"，在"选定汇总项"列表框中，选中"销售额""毛利润"列的复选框，单击"确定"按钮。单击汇总窗口左上部的"2"按钮折叠汇总表，选定"毛利润"列的任意单元格，单击工具栏的降序按钮，找出毛利润最大的饮料。选定表"饮料销售"标签，在 E22 单元格中输入毛利润最大的饮料"红牛"，如图 5 - 25 所示。单击表"饮料销售（3）"标签，切换为当前工作表，然后双击工作表标签，更名为"饮料名称汇总"。

1	饮料销售统计表								
2									
3	统计日期	2011-7-24							
4	饮料店	饮料名称	单位	数量	进价（元）	售价（元）	销售额	毛利润	利润率（%）
8		红牛 汇总					1592.80	362.00	毛利润最大饮料：红牛
12		统一绿茶 汇总					1798.50	354.50	
16		百事可乐 汇总					1671.30	309.50	
19		雪碧 汇总					993.60	184.00	
22		王老吉 汇总					811.20	169.00	
24		七喜 汇总					400.80	83.50	
26		健力宝 汇总					338.40	70.50	
27		总计					7606.60	1533.00	
28									
29									
30									
31			毛利润最大饮料						
32			销售额最大的二种饮料						
33			顺庆店最大销售额						
34			高坪店最大销售额						
35			嘉陵店最大销售额						
36									

图 5 - 25　饮料名称汇总

（6）单击表"饮料销售"标签，选定数据清单中任意单元格；单击"插入"选项卡→"数据透视表"按钮→"数据透视表"命令，拖动"饮料名称"到"行"标签，拖动"饮料店"到"列"标签，拖动"销售额"到"数据"标签，结果如图 5 - 26 所示。双击新产生的透视表工作标签，重命名为"销售统计"。

3	求和项:销售额	饮料店 ▼			
4	饮料名称 ▼	高坪店	嘉陵店	顺庆店	总计
5	百事可乐	423.9	523.8	723.6	1671.3
6	红牛	492.8	404.8	695.2	1592.8
7	健力宝		338.4		338.4
8	七喜	400.8			400.8
9	统一绿茶	676	535	587.5	1798.5
10	王老吉	420		391.2	811.2
11	雪碧		510.3	483.3	993.6
12	总计	2413.5	2312.3	2880.8	7606.6
13					

图 5 - 26　销售统计

（7）在"销售统计"表中，选定"总计"列的任意单元格，单击工具栏的降序按钮，找出销售额最大的两种饮料，如图5－27所示。单击表"饮料销售（4）"标签，将结果分别输入到E23、F23单元格中。

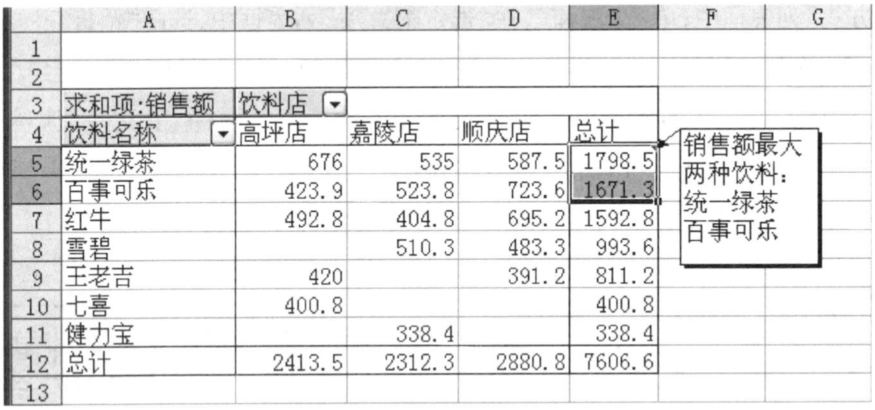

	A	B	C	D	E	F	G
1							
2							
3	求和项:销售额	饮料店					
4	饮料名称	高坪店	嘉陵店	顺庆店	总计		
5	统一绿茶	676	535	587.5	1798.5		
6	百事可乐	423.9	523.8	723.6	1671.3		
7	红牛	492.8	404.8	695.2	1592.8		
8	雪碧		510.3	483.3	993.6		
9	王老吉	420		391.2	811.2		
10	七喜	400.8			400.8		
11	健力宝		338.4		338.4		
12	总计	2413.5	2312.3	2880.8	7606.6		
13							

销售额最大两种饮料：统一绿茶 百事可乐

图5－27　找出销售额最大的两种饮料

（8）单击表"销售统计"标签，选定任意空白单元格（如B14），在单元格中输入公式"＝MAX（B5：B19）"，单击工作表任意位置，求出"高坪店"的最大销售额，并将最大销售额输入到表"饮料销售（4）"的E25单元格中。采用类似方法，求出"顺庆店"和"嘉陵店"最大销售额，分别输入到表"饮料销售（4）"的E24、E26单元格中。

（9）单击表"饮料店汇总"标签，分别选择"饮料店""销售额"和"毛利润"三列，切换到"插入"选项卡，在"图表"选项组中选择一种图表类型，对插入的图表进行修改即可。

第六章 PowerPoint 2010 基础应用实训

实训十六 PowerPoint 2010 基本演示文稿的创建

1. 实训目标

(1)掌握 PowerPoint 2010 的启动、退出与演示文稿的保存方法。

(2)熟悉 PowerPoint 2010 界面。

(3)掌握创建演示文稿的方法。

(4)熟悉编辑幻灯片和用不同的视图浏览幻灯片的方法。

2. 实训内容

(1)演示文稿的创建、保存、关闭。

(2)幻灯片版式、幻灯片设计的使用。

(3)在幻灯片中插入各种对象,如文本框、图片、图表、组织结构图、声音和背景等。

(4)用不同的视图浏览幻灯片。

3. 实训指导

(1)用向导建立演示文稿。

①启动 PowerPoint。

②点击"文件"→"新建"命令,选取"中小企业"演示文稿类型中的"管理方案"类型,再选择"年度营销计划",建立一个演示文稿。

③将自己的推销想法输入到每一个幻灯片中,并以 idea. pptx 为文件名(保存类型为演示文稿)保存在自己的文件夹中。

④退出程序,查看自己的文件夹和保存的 idea. pptx 文件。

(2)自定义建立演示文稿。

①启动 PowerPoint,在"新建演示文稿"窗格中用鼠标单击"空演示文稿"新建一个空的演示文稿。单击"开始"选项卡→"幻灯片"选项组→"版式"按钮,从下拉菜单中选择要应用到新幻灯片的版式,这里我们选择"两栏内容"版式。

②单击"单击此处添加标题",输入标题"建筑艺术";单击"剪贴画",在弹出的剪贴画库中选择一幅剪贴画;单击"单击此处添加文本",输入"宫殿、寺庙、园林、居宅"等内容。完成后的演示文稿如图6-1所示。

③在"幻灯片"选项组中单击"新建幻灯片"按钮,在下拉列表框中选择"空白"版式。选择"插入"选项卡→"文本"选项组→"艺术字"按钮,在下拉列表框中选择一种艺术字样式,然后将艺术字修改为"世界六大宫殿"。选择"插入"→"表格"命令,插入一个7行2列的表格,内容如图6-2所示。

图6-1 利用"空演示文稿"创建　　　　　图6-2 第2张幻灯片

④在"幻灯片"选项组中单击"新建幻灯片"按钮,在下拉列表框中选择"标题和内容"版式。单击"单击此处添加标题",输入"寺庙的结构"。单击"插入SmartArt图形",打开"选择SmartArt图形"对话框,在该对话框左侧选择"层次结构",单击组织结构图中的形状输入第一层内容为"寺庙",第二层内容为"母寺""子寺"等。完成后的效果如图6-3所示。

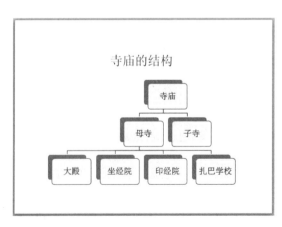

图6-3 第3张幻灯片效果图

⑤在"幻灯片"选项组中单击"新建幻灯片"按钮,在下拉列表框中选择"标题和内容"版式,制作第4张幻灯片。单击"单击此处添加标题",输入"我国近年各地区房屋建筑面积统计"。单击"插入图表"按钮,添加如图6-4所示数据表。完成后的效果如图6-5所示。

图6-4　第4张幻灯片数据表　　　　　　　图6-5　第4张幻灯片效果图

⑥切换到"设计"选项卡,在"主题"选项组中选择一种主题样式,应用到幻灯片中,如图6-6所示。

地址	宫殿名称
中国北京	故宫
法国巴黎	凡尔赛宫
俄罗斯莫斯科	克里姆林宫
美国华盛顿	白宫
文莱斯里巴加湾	文莱王宫
英国伦敦	白金汉宫

世界六大宫殿

图6-6　应用主题后的幻灯片

⑦用不同的视图浏览幻灯片。通过幻灯片视图切换按钮 🖳🖳🖳🖳 或者"视图"菜单中的"普通""幻灯片浏览""阅读视图"和"备注页"来浏览制作好的幻灯片文件。

⑧保存和关闭演示文稿。编辑好上述演示文稿后,单击"文件"→"保存",在弹出的对话框中输入文件名"基本演示文稿的练习",单击"保存"按钮。单击"文件"→"关闭",退出PowerPoint 2010。

实训十七 PowerPoint 2010 高级演示文稿的创建

1. 实训目标

(1)掌握母版的设置方法。

(2)熟悉演示文稿的动画设置。

(3)学会演示文稿的高级编辑修饰方法。

2. 实训内容

(1)母版的设置。

(2)幻灯片的动画。

(3)幻灯片的超链接。

(4)放映演示文稿。

3. 实训指导

(1)设置母版。

①打开实训十六中制作的 idea. pptx 演示文稿。

②点击"视图"选项卡→"母版视图"选项组→"幻灯片母版"按钮。

③在"幻灯片母版"视图中,选择母版标题文本框,单击"格式"→"字体",设置母版标题样式为"隶书""加粗""72"。用同样的方法设置母版文本样式为"宋体""倾斜""40"。

④单击"插入"→"图片",在母版页面左上角插入一幅图片,调整大小到合适。

⑤在母版中对日期区、页脚区、数字区进行输入。单击"视图"→"页眉和页脚",在弹出的"页眉和页脚"对话框中选择"幻灯片"选项卡,进行相关格式化设置。

⑥关闭母版视图,退出母版设置。

(2)幻灯片动画。

①打开实训十六中制作的"基本演示文稿的练习",单击"文件"→"另存为",将文档保存为"高级演示文稿"。

②切换到"幻灯片浏览视图",调整幻灯片位置,拖动第 1 张幻灯片到第 2 张幻灯片之后。

③选中当前第 2 张幻灯片,选中文本框边缘,单击"动画"选项卡,为文本添加"飞入"效果,单击"动画"选项组中的"效果选项"按钮,在下拉菜单中选择"自左侧"。再用同样的方法分别选中标题和剪贴画,设置自己喜欢的动画。单击"计时"选项组中的"向前移动"和"向后移动"按钮重新设置动画的顺序,按照先标题,再剪贴画,最后文本的顺序进行调整,最后播放观看效果。

（3）超级链接。

①创建超链接。在末尾创建一张新的幻灯片，单击"插入"选项卡→"文本"选项组→"文本框"按钮，放置两个横排文本框，分别输入"中国中央电视台"和"搜狐"，并使这些文字成为超链接，分别链接到 http://www.cctv.com 和 http://www.sohu.com。

②设置动作按钮。单击"插入"选项卡→"插图"选项组→"形状"按钮→"动作按钮"，在演示文稿内的每一张幻灯片下方放置动作按钮，分别可跳转到上一张和第 1 张幻灯片。再在第 1 张幻灯片下方放置另一个动作按钮，可跳转到 idea.pptx。

（4）放映演示文稿。

①选择菜单命令"幻灯片放映"→"幻灯片切换"，使各幻灯片间的切换效果分别采用水平百叶窗、溶解、盒状展开、随机等方式。设置切换速度为快速。换页方式可以通过单击鼠标或定时 2s。

②分别设置前面建立的演示文稿放映方式为"演讲者放映""观众自行浏览""在展台放映"及"成循环放映方式"。

③保存修改好的文档，播放观看效果。

第七章　Internet 应用实训

实训十八　网络配置

1.实训目标

(1)掌握 Internet 协议(TCP/IP)属性值的设置。

(2)掌握 IP 地址、网关、子网掩码的设置。

(3)掌握常用网络命令的使用方法。

2.实训内容

(1)IP 地址的自动获取。

(2)静态 IP 地址的设置。

(3)常用网络命令的使用。

3.实训指导

(1)自动 IP 地址设置。

①选择"开始"→"设置"→"控制面板"→"网络连接"命令,双击"本地连接",在出现的对话框中单击"属性"按钮,打开"本地连接 属性"对话框,如图 7 - 1 所示。

图 7 - 1 "本地连接 属性"对话框

②双击"Internet 协议版本 4(TCP/IPv4)",打开"Internet 版本 4(TCP/IPv4)属性"对话框,选择"自动获得 IP 地址"设置项,由 DHCP 主机或者设备为用户计算机自动分配 IP 地址,如图 7-2 所示。

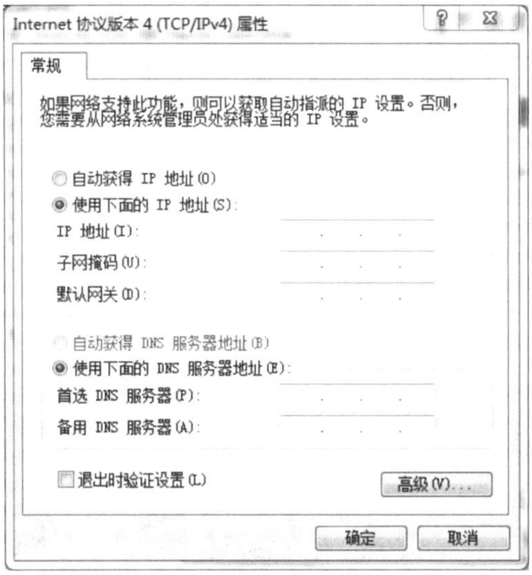

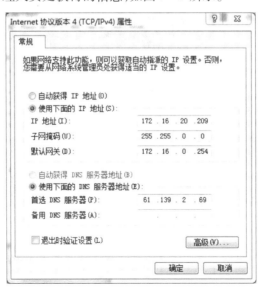

图 7-2　Internet 协议版本 4(TCP/IPv4)属性

注意:是自动获取 IP 地址,还是静态的 IP 地址(即"使用下面的 IP 地址"),是由网络管理方式决定的,用户可联系 ISP 或者网络管理人员。

(2)使用静态 IP 地址。

在具体要求使用静态 IP 的环境下,我们必须对 IP 地址、子网掩码、默认网关和 DNS 作出配置。填入从网络管理人员处获得的信息,如图 7-3 所示。

图 7-3　静态 IP 配置

说明:IP 地址由网络管理人员和 ISP 分配。

IP 地址分为 4 段,Internet 上的每台主机(Host)都有一个唯一的 IP 地址。IP 协议就是使用这个地址在主机之间传递信息,每个主机必须拥有 IP 地址才能连接到 Internet。

IP 地址的长度为 32 位,分为 4 段,每段 8 位,用十进制数字表示,每段数字范围为 0 ~ 255,段与段之间用句点隔开。例如 159.226.1.1。IP 地址由两部分组成,一部分为网络地址,另一部分为主机地址。

(3)查看系统的 IP 地址属性(ipconfig)。

该命令的作用是查看系统的 IP 地址属性。使用"ipconfig /all"可以查看更详细的属性。"ipconfig /?"命令可以显示命令参数说明。

我们可以在"开始"→"运行"中输入"cmd"命令,启动命令行输入方式,如图 7-4 所示。

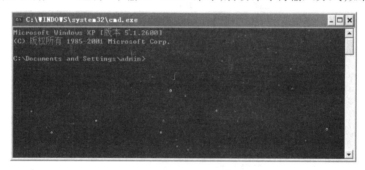

图 7-4 命令行输入方式

在提示符后输入"ipconfig/all",可获得刚才配置的 IP 地址详细参数,如图 7-5 所示。

图 7-5 IP 地址详细参数

说明:①Physical Address 为网卡物理地址,是由 Internet 管理机构分配给生产厂商,固化在网卡上的全球唯一标识。

②Dhcp Enabled 为是否由 Dhcp 主机进行 IP 地址分配。

③IP Address 即本机 IP 地址。

④Subnet Mask 为子网掩码,子网掩码不能单独存在,它必须结合 IP 地址一起使用。子网掩码只有一个作用,就是将某个 IP 地址划分成网络地址和主机地址两部分。

⑤Default Gateway 为默认网关,一般为网络出口设备的 IP 地址。

⑥DNS Servers 为域名解析服务器地址。

(4)网络连通测试命令 ping。

ping 是测试网络连接状况以及信息包发送和接收状况非常有用的工具,是网络测试最常用的命令。

如果执行 ping 不成功,则可以预测故障出现在以下几个方面:①网线故障;②网络适配器配置不正确;③IP 地址不正确。如果执行 ping 成功而网络仍无法使用,那么问题很可能出在网络系统的软件配置方面,ping 成功只能保证本机与目标主机间存在一条连通的物理路径。

命令格式:

ping IP 地址或主机名 [-t] [-a] [-n count] [-l size]

参数含义:

-t　不停地向目标主机发送数据;

-a　以 IP 地址格式来显示目标主机的网络地址;

-n count　指定要 ping 多少次,具体次数由 count 来指定;

-l size　指定发送到目标主机的数据包的大小。

一般使用方法为:选择"开始"→"运行"命令,输入"cmd",启动命令行输入方式,启动 ping 命令,如图 7-6 所示。

图 7-6　ping 命令结果显示

说明:从本机向目的主机发送一个网址发送测试数据包,看对方网址是否有响应并统计响应时间,以此测试网络。若网络连通状况良好,则 time 值越小,Lost 值越接近 0。

图 7-7 所示为目的主机不存在或者两主机之间网络未连通。

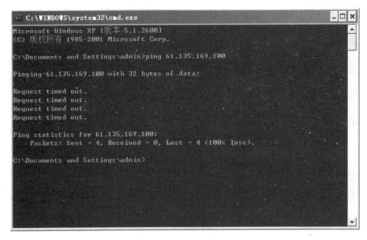

图 7-7　目的主机不存在或网络未连通状态显示

第二部分 计算机应用基础习题指导

计算机应用基础习题

一、单项选择题

1. 世界上第一台电子计算机是在_____年诞生的。
   A. 1946　　　　B. 1952　　　　C. 1936　　　　D. 1964

2. 具有多媒体功能的计算机系统常用 DVD-ROM 作为外存储器,它是_____。
   A. 只读硬盘　　B. 只读光盘存储器　　C. 只读内存储器　　D. 只读大容量软盘

3. 在计算机的硬件设备中,有一种设备既可以当作输出设备,又可以当作输入设备,这种设备是_____。
   A. 绘图仪　　　　B. 扫描仪　　　　C. 手写笔　　　　D. 磁盘驱动器

4. 现代计算机中所采用的电子器件是_____。
   A. 电子管　　　　　　　　　　B. 大规模和超大规模集成电路
   C. 小规模集成电路　　　　　　D. 晶体管

5. 运算器的核心部分是_____和若干高速寄存器。
   A. 除法器　　　　B. 减法器　　　　C. 加法器　　　　D. 乘法器

6. 下列存储器中,易失性存储器是_____。
   A. DVD-ROM　　B. PROM　　　　C. RAM　　　　D. ROM

7. 下列存储器中存取速度最快的是_____。
   A. CACHE(高速缓冲存储器)　　　　B. U 盘
   C. 移动硬盘　　　　　　　　　　　　D. RAM

8. 计算机中,硬盘驱动器_____。
   A. 不用时应套入纸套,防止灰尘进入

B. 耐震性差,搬运时要注意保护

C. 不易碎,不像显示器那样要注意保护

D. 是独立的,耐震性好,不易损坏

9. 微型计算机中的外存储器,可以与_____直接进行数据传送。

    A. 微处理器   B. 运算器   C. 内存储器   D. 控制器

10. CPU 的中文含义是_____。

    A. 中央处理单元   B. 控制器   C. 主机   D. 运算器

11. 在外部设备中,扫描仪属于_____。

    A. 输出设备   B. 一般设备   C. 输入设备   D. 特殊设备

12. 运算器的主要功能是进行_____。

    A. 算术运算   B. 逻辑运算   C. 加法运算   D. 算术和逻辑运算

13. 下列叙述中,错误的是_____。

    A. 硬盘在主机箱内,它是主机的组成部分

    B. 硬盘是外部存储器之一

    C. 硬盘的技术指标之一是每分钟的转速 rpm

    D. 硬盘与 CPU 之间不能直接交换数据

14. 高级语言编译程序是一种_____。

    A. 工具软件   B. 应用软件   C. 诊断软件   D. 系统软件

15. 存储计算机当前正在执行的应用程序和相应的数据的存储器是_____。

    A. 硬盘   B. ROM   C. RAM   D. CD-ROM

16. 下面关于随机存取存储器(RAM)的叙述中,正确的是_____。

    A. RAM 分静态 RAM(SRAM)和动态 RAM(DRAM)两大类

    B. SRAM 的集成度比 DRAM 高

    C. DRAM 的存取速度比 SRAM 快

    D. DRAM 中存储的数据无须"刷新"

17. 下列的英文缩写和中文名字的对照中,错误的是_____。

    A. CPU——控制程序部件   B. ALU——算术逻辑部件

    C. CU——控制部件   D. OS——操作系统

18. 用高级语言编制的源程序要变为目标程序,必须经过_____。

    A. 编译   B. 检查   C. 汇编   D. 编辑

19. 把存储在硬盘上的程序传送到指定的内存区域中,这种操作称为_____。

    A. 输出   B. 写盘   C. 输入   D. 读盘

20. 在现代的 CPU 芯片中集成了高速缓冲存储器(Cache),其作用是_____。

    A. 扩大内存储器的容量

    B. 解决 CPU 与 RAM 之间的速度不匹配问题

    C. 解决 CPU 与打印机的速度不匹配问题

    D. 保存当前的状态信息

21. 计算机必不可少的输入/输出设备是_____。

    A. 键盘和显示器　　B. 键盘和鼠标器　　C. 显示器和打印机　　D. 鼠标器和打印机

22. 下列关于 CPU 的叙述中,正确的是_____。

    A. CPU 能直接读取硬盘上的数据　　　　B. CPU 能直接与内存储器交换数据

    C. CPU 主要组成部分是存储器和控制器　　D. CPU 主要用来执行算术运算

23. 计算机硬件系统中最核心的部件是_____。

    A. 内存储器　　　　B. 输入/输出设备　　C. CPU　　　　　　D. 硬盘

24. 计算机中 ROM 的特点是_____。

    A. 可读不可写,关机后数据易消失　　　B. 可读可写,关机后数据不消失

    C. 可读不可写,关机后数据不消失　　　D. 可读可写,关机后数据易消失

25. 计算机存储器系统中的 Cache 是_____。

    A. 只读存储器　　　　　　　　　　B. 高速缓冲存储器

    C. 可编程只读存储器　　　　　　　D. 可擦除可再编程只读存储器

26. _____不是存储器。

    A. 光盘　　　　　　B. 硬盘　　　　　　C. 软盘　　　　　　D. 键盘

27. 普通光盘是用_____制成的。

    A. 铝合金　　　　　B. 磁性材料　　　　C. 多碳橡胶　　　　D. 塑料

28. 在编译程序的执行方式中,_____方式是把全部源程序一次性翻译处理后,产生一个等价的目标程序,然后再去执行。

    A. 组译　　　　　　B. 操作系统　　　　C. 解释　　　　　　D. 编译

29. 计算机系统中软件与硬件的关系是_____。

    A. 互不相干　　　　　　　　　　　B. 相互独立

    C. 相互支持,形成一个整体　　　　　D. 相互依存

30. 四倍速 CD-ROM 驱动器的传输速率达_____kb/s。

    A. 600　　　　　　B. 400　　　　　　C. 500　　　　　　D. 300

31. 就其工作原理而论,当代计算机都是基于匈牙利籍科学家_____提出的存储程序控制原理。

A. 图灵　　　　　　B. 牛顿　　　　　　C. 冯·诺依曼　　　　D. 布尔

32. 计算机中的输入设备是_____。

　　A. 从计算机外部获取信息的设备　　　　　B. 从磁盘上读取信息的电子线路

　　C. 硬盘、鼠标和打印机等　　　　　　　　D. 磁盘文件等

33. 为把 C 语言源程序转换为计算机能够执行的程序,需要_____。

　　A. 编译程序　　　　B. 汇编程序　　　　C. 解释程序　　　　D. 编辑程序

34. 在计算机系统中运行某一程序时,若存储容量不够,可以通过_____的方法来解决。

　　A. 采用高密度软盘　　　　　　　　　　　B. 增加内存

　　C. 采用光盘　　　　　　　　　　　　　　D. 增加硬盘容量

35. _____的任务是将计算机处理后的信息呈现给用户。

　　A. U 盘　　　　　　B. 输入设备　　　　C. 电源线　　　　　D. 输出设备

36. 下列设备中,既能向主机输入数据,又能接收由主机输出数据的是_____。

　　A. 显示器　　　　　　　　　　　　　　　B. U 盘

　　C. 扫描仪　　　　　　　　　　　　　　　D. DVD-ROM

37. 以下关于辅助存储器的说法错误的是_____。

　　A. 辅助存储器不能直接给 CPU 传递数据　　B. 辅助存储器价格便宜

　　C. 辅助存储器上的信息可以长期保存　　　　D. 辅助存储器的速度快

38. 计算机能直接执行的程序设计语言是_____。

　　A. C　　　　　　　B. BASIC　　　　　　C. 汇编语言　　　　D. 机器语言

39. 某工厂的仓库管理软件属于_____。

　　A. 字处理软件　　　B. 工具软件　　　　C. 系统软件　　　　D. 应用软件

40. 在计算机中,_____的作用是为实现不同设备之间的相互连接和通信,并解决它们之间的不匹配问题。

　　A. 总线　　　　　　B. 驱动器　　　　　C. 接口　　　　　　D. 适配器

41. _____存储器是一小块特殊的内存,保存着计算机当前的配置信息。

　　A. PROM　　　　　B. RAM　　　　　　C. CMOS　　　　　　D. ROM

42. 计算机软件系统包括_____。

　　A. 程序、数据和相应的文档　　　　　　　B. 系统软件和应用软件

　　C. 数据库管理系统和数据库　　　　　　　D. 编译系统和办公软件

43. 英文缩写 CAM 的中文意思是_____。

　　A. 计算机辅助设计　　　　　　　　　　　B. 计算机辅助制造

　　C. 计算机辅助教学　　　　　　　　　　　D. 计算机辅助管理

44. 计算机的系统总线是计算机各部件间传递信息的公共通道,它分_____。

    A. 数据总线和控制总线   B. 地址总线和数据总线

    C. 数据总线、控制总线和地址总线   D. 地址总线和控制总线

45. 第一台电子计算机是 1946 年在美国研制的,该机的英文缩写名是_____。

    A. ENIAC   B. EDVAC   C. DESAC   D. MARK – Ⅱ

46. 英文缩写 CAD 的中文意思是_____。

    A. 计算机辅助教学   B. 计算机辅助制造

    C. 计算机辅助设计   D. 计算机辅助测试

47. 计算机应用的领域主要有:科学计算、过程控制、辅助设计以及_____。

    A. 文字处理   B. 图形处理   C. 工厂自动化   D. 数据处理

48. 计算机能够自动工作,主要是因为采用了_____。

    A. 二进制数制   B. 高速电子元件

    C. 存储程序控制   D. 程序设计语言

49. 在计算机领域中,所谓"裸机"是指____。

    A. 单片机   B. 单板机

    C. 不安装任何软件的计算机   D. 只安装操作系统的计算机

50. 计算机键盘上的 Shift 键称为_____。

    A. 回车换行键   B. 退格键   C. 换挡键   D. 空格键

51. 计算机键盘上的 Tab 键是_____。

    A. 退格键   B. 控制键   C. 交替换挡键   D. 制表定位键

52. _____是数字锁定键,主要用于小键盘软数字区。

    A. CapsLock   B. NumLock   C. Shift   D. Backspace

53. CapsLock 键的功能是_____。

    A. 暂停   B. 大写锁定   C. 复制数据   D. 测试容量

54. Esc 键的功能是____。

    A. 形成空格   B. 使光标回退一格

    C. 强行退出键   D. 交替换挡键

55. 为解决某一特定问题而设计的指令序列称为_____。

    A. 文档   B. 语言   C. 程序   D. 系统

56. 在计算机领域中通常用 MIPS 来描述_____。

    A. 计算机的运算速度   B. 计算机的可靠性

    C. 计算机的可运行性   D. 计算机的可扩充性

57.内存储器中的每个存储单元都被赋予一个唯一的序号,称为_____。

    A.单元号   B.下标   C.编号   D.地址

58.显示器的_____越高,显示的图像越清晰。

    A.对比度   B.亮度   C.对比度和亮度   D.分辨率

59.用来控制、指挥和协调计算机各部件工作的是_____。

    A.运算器   B.鼠标器   C.控制器   D.存储器

60.完整的计算机系统是由_____组成的。

    A.主机和外设系统   B.硬件和软件系统

    C.冯·诺依曼和非冯·诺依曼系统   D.Windows 系统和 UNIX 系统

61.计算机软件分系统软件和应用软件两大类,系统软件的核心是_____。

    A.数据库管理系统   B.财务管理系统

    C.程序语言系统   D.操作系统

62.下面有关计算机操作系统的叙述中,不正确的是_____。

    A.操作系统属于系统软件

    B.操作系统只负责管理内存储器,而不管理外存储器

    C.UNIX、Windows XP 属于操作系统

    D.计算机的内存、I/O 设备等硬件资源也由操作系统管理

63.操作系统的作用是_____。

    A.把源程序译成目标程序   B.数据管理系统

    C.实现硬件的连接   D.控制和管理系统资源的使用

64._____不是应用软件。

    A.游戏软件   B.Word   C.语言处理程序   D.QQ

65._____不是计算机高级语言。

    A.JAVA   B.BASIC   C.CAD   D.C++

66.在编译程序的执行方式中,_____方式是对源程序的每个语句边解释,边执行。

    A.解释   B.组译   C.操作系统   D.编译

67.在下列软件中,属于应用软件的有_____。

    (1)WPS Office 2010;(2)Windows 7;(3)财务管理软件;(4)UNIX;(5)学籍管理系统;

    (6)MS – DOS;(7)Linux。

    A.(1)(3)(5)   B.(1)(2)(3)   C.(1)(3)(5)(7)   D.(2)(4)(6)(7)

68.操作系统是_____之间的接口。

    A.外设的主机   B.计算机和控制对象

C.用户和计算机　　　　　　　　　　D. 源程序和目标程序

二、多项选择题

1. 下列设备中,可作输入设备的有_____。

　　A. 麦克风　　　　　　B. 硬盘驱动器　　　　C. 绘图仪　　　　　　D. 摄像头

2. 常见多媒体元素有_____。

　　A. 文本　　　　　　　B. 图形　　　　　　　C. 声音　　　　　　　D. 动画

3. 以下存储器中,属于外存储器的是_____。

　　A. 硬盘　　　　　　　B. U 盘　　　　　　　C. RAM　　　　　　　D. 键盘

4. 以下关于 USB 移动硬盘的描述中正确的是_____。

　　A. 相对软盘容量大　　　　　　　　　B. 需要放置在机箱内部使用

　　C. 采用 USB 接口即插即用　　　　　　D. 使用方便

5. 计算机辅助技术包括_____。

　　A. CAD　　　　　　　B. CAI　　　　　　　C. CAB　　　　　　　D. CAM

6. 以下存储器中,属于外存储器的是_____。

　　A. BIOS　　　　　　B. 光盘　　　　　　　C. 移动硬盘　　　　　D. 只读存储器

7. 存储器"ROM"的特点是_____。

　　A. ROM 中的信息可读可写　　　　　B. ROM 是一种半导体存储器

　　C. ROM 的访问速度高于磁盘　　　　D. ROM 中的信息可长期保存

8. 在计算机系统中,可以与 CPU 直接交换信息的是_____。

　　A. 硬盘　　　　　　　B. CD-ROM　　　　　C. ROM　　　　　　　D. RAM

9. 随机存储器"RAM"的特点是_____。

　　A. RAM 是一种半导体存储器　　　　B. RAM 的信息可长期保存

　　C. RAM 的存取速度高于磁盘　　　　D. RAM 中的信息可读可写

10. 计算机的中央处理单元通常包括_____。

　　A. 显示器　　　　　　B. 控制器　　　　　　C. 内部存储器　　　　D. 运算器

11. 计算机不能直接识别和处理的语言是_____。

　　A. 高级语言　　　　　B. 机器语言　　　　　C. 自然语言　　　　　D. 汇编语言

12. 鼠标的基本操作有_____。

　　A. 双击　　　　　　　B. 拖动　　　　　　　C. 右击　　　　　　　D. 单击

13. 在英文录入时,可以进行大小写切换的键是_____。

　　A. Ctrl　　　　　　　B. Caps Lock　　　　　C. Shift　　　　　　　D. TAB

14. 计算机的主要性能指标包括_____。

    A. 存储容量   B. 运算速度   C. 可靠性   D. 字长

15. 以下关于计算机程序设计语言的说法中,正确的是_____。

    A. 计算机高效执行机器语言程序

    B. 高级语言是高级计算机才能执行的语言

    C. 机器语言又称为低级语言

    D. 计算机可以直接执行汇编语言程序

三、填空题

1. 计算机中,各部件是通过_____(4 个汉字)相连接的。

2. 计算机系统硬件包括运算器、控制器、存储器、输入设备和_____(4 个汉字)。

3. 计算机软件可分为_____(2 个汉字)软件和应用软件两大类。

4. 编译程序有"解释"和"编译"两种执行方式,_____(2 个汉字)方式则是把全部源程序一次性翻译处理后,产生一个等价的目标程序,然后再去执行。

5. 访问一次内存储器所花的时间称为_____(2 个汉字)周期。

6. 电子商务中为了防止黑客攻击,服务器所采用的关键技术是采用_____(3 个汉字)。

7. ROM 的中文意义是_____(5 个汉字)。

8. 地址总线的位数决定了系统能够使用的最大_____(4 个汉字),数据总线的宽度决定了计算机一次所能传输的二进制位数。

9. 功能最强的计算机是_____(2 个汉字)计算机。规模最小的计算机是_____(2 个汉字)计算机。

10. 磁盘读/写动作过程分为_____(3 个汉字)、_____(3 个汉字)和_____(2 个汉字)3 个阶段。

11. 计算机的运算速度用每秒钟所能执行的_____(5 个汉字)数表示,单位是_____。

12. 软件从_____(2 个汉字)之日起便享有版权,从_____(2 个汉字)之日起便实际受到保护。_____(2 个汉字)软件不受版权保护。

四、判断题

1. 硬盘装在主机箱内,因此硬盘属于计算机的内部设备。   (   )

2. DRAM 存储器是动态随机存储器。   (   )

3. 第二代计算机以电子管为主要逻辑元件,体积大、电路复杂且易出故障。 （　　）

4. 分时操作系统将 CPU 时间分成许多时间片,使每个用户占用一定的时间段,并循环安排
每个用户轮流使用 CPU。 （　　）

5. 一般而言,中央处理器由控制器、外围设备及存储器所组成。 （　　）

6. 程序设计语言是计算机可以直接执行的语言。 （　　）

7. 磁盘是计算机中一种重要的外部设备。没有磁盘,计算机就无法运行。 （　　）

8. 计算机之间的差别只在于中央处理器速度的快慢。 （　　）

9. 任何需要处理的数据,均必须先存放在计算机的主存储器中。 （　　）

10. 存储器具有记忆能力,其中的信息任何时候都不会丢失。 （　　）

11. 机箱内的设备是主机,机箱外的设备是外设。 （　　）

12. 不同 CPU 的计算机有不同的机器语言和汇编语言。 （　　）

13. 微型计算机的性能一定不如大型机。 （　　）

14. 一个磁盘上各个扇区的长度可以不等,但存储的信息量相同。 （　　）

15. 开机时先开显示器后开主机电源,关机时先关主机后关显示器电源。 （　　）

16. 操作系统只负责管理内存储器,而不管理外存储器。 （　　）

17. 计算机可以利用各种输入设备输入数据。 （　　）

18. 用高级语言编写的源程序,要转换为其等价的目标程序,必须经过编译。 （　　）

19. 计算机键盘上字母键的排列方式是保证录入速度的最佳方式。 （　　）

20. 外存上的信息可直接进入 CPU 进行处理。 （　　）

21. 总线是计算机系统中各部件之间传输信息的公共道路。 （　　）

22. CAD 是计算机辅助测试。 （　　）

23. 一般来说,不同计算机具有不同的指令系统和指令格式。 （　　）

24. 通常把控制器、运算符、存储器和输入输出设备合称为计算机系统。 （　　）

25. 计算机程序必须装载到内存中才能执行。 （　　）

26. 数据总线的宽度决定了内存一次能够读出的相邻地址单元数。 （　　）

27. 显示器的分辨率不但取决于显示器,也取决于配套的显示器适配器。 （　　）

28. 应用软件的编制及运行,必须在系统软件的支持下进行。 （　　）

29. 程序是能够完成特定功能的一组指令序列。 （　　）

30. 人事管理系统软件是一种系统软件。 （　　）

参考答案

一、单项选择题

1. A	2. B	3. D	4. B	5. C	6. C	7. A	8. B	9. C	10. A
11. C	12. D	13. A	14. D	15. C	16. A	17. A	18. A	19. D	20. B
21. A	22. B	23. A	24. C	25. B	26. D	27. D	28. D	29. D	30. A
31. C	32. A	33. A	34. B	35. D	36. B	37. D	38. D	39. D	40. C
41. C	42. B	43. B	44. C	45. A	46. C	47. D	48. C	49. C	50. C
51. D	52. B	53. B	54. C	55. C	56. A	57. D	58. D	59. C	60. B
61. D	62. B	63. D	64. C	65. C	66. A	67. A	68. C		

二、多项选择题

1. ABD	2. ABCD	3. AB	4. ACD	5. ABD	6. BC	7. BCD	8. CD
9. ACD	10. BD	11. ACD	12. ABCD	13. BC	14. ABD	15. AC	

三、填空题

1. 系统总线　　2. 输出设备　　3. 系统　　4. 编译　　5. 存取

6. 防火墙　　7. 只读存储器　　8. 内存容量　　9. 巨型　单片

10. 找磁道　找扇区　读/写　11. 百万条指令　MIPS　12. 完成　发表　公用

四、判断题

1. ×	2. √	3. ×	4. √	5. ×	6. ×	7. ×	8. ×	9. √	10. ×
11. ×	12. √	13. √	14. ×	15. √	16. ×	17. √	18. √	19. √	20. ×
21. √	22. ×	23. √	24. ×	25. √	26. √	27. √	28. √	29. √	30. ×

Windows 7 操作系统习题

一、单项选择题

1. Windows 7 为用户提供的环境是＿＿＿＿＿。

　　A. 单用户,多任务　　　　　　　　　B. 多用户,单任务

　　C. 多用户,多任务　　　　　　　　　D. 单用户,单任务

2. Windows 7 桌面的外观设置是在"控制面板"中的＿＿＿＿＿属性设置中设置的。

　　A. 多媒体　　　　　B. 个性化　　　　　C. 区域设置　　　　　D. 系统

3. Windows 7 的"我的电脑"窗口中,若已选定文件或文件夹,为了设置属性,打开属性对话框,其操作是＿＿＿＿＿。

　　A. 用鼠标右键单击该文件或文件夹名,然后从弹出的快捷菜单中选择"属性"

　　B. 用鼠标右键单击"任务栏"中的空白处,然后从弹出的快捷菜单中选择"属性"

　　C. 用鼠标右键单击"查看"菜单栏中"工具栏"下的"属性"图标

　　D. 用鼠标右键单击"文件"菜单中的"属性"命令

4. 没有＿＿＿＿＿的计算机被称为"裸机"。

　　A. 硬件　　　　　B. 外围设备　　　　　C. CPU　　　　　D. 软件

5. 设 Windows 7 桌面上已经有某应用程序的图标,要运行该程序,可以＿＿＿＿＿。

　　A. 用鼠标右键单击该图标　　　　　B. 用鼠标左键双击该图标

　　C. 用鼠标右键双击该图标　　　　　D. 用鼠标左键单击该图标

6. 在 Windows 7 环境下鼠标是重要的输入工具,而键盘＿＿＿＿＿。

　　A. 仅能配合鼠标,在输入中起辅助作用

　　B. 仅能在菜单中运用,不能在窗口中操作

　　C. 也能完成几乎所有的操作

　　D. 无法起作用

7. 鼠标是 Windows 7 环境中的一种重要的＿＿＿＿＿。

　　A. 指示工具　　　　　B. 输入工具　　　　　C. 输出工具　　　　　D. 画图工具

8. 对话框与窗口类似,但对话框_____。

　　A. 没有菜单栏,尺寸是固定的

　　B. 有菜单栏,尺寸是固定的,比窗口多了标签和按钮

　　C. 没有菜单栏,尺寸是可变的,比窗口多了标签和按钮

　　D. 有菜单栏,尺寸是可变的,比窗口多了标签和按钮

9. 在 Windows 中,关于"开始"菜单叙述错误的是_____。

　　A. 可以通过"开始"菜单启动程序

　　B. "开始"菜单包括关机、程序、运行等菜单项

　　C. 单击"开始"按钮,可以启动"开始"菜单

　　D. 可在"开始"菜单中增加菜单项,但不能删除菜单项

10. 在 Windows 7 中用户用来组织和操作文件目录的工具是_____。

　　A. 资源管理器　　　　　　　　　B. 开始菜单

　　C. 控制面板　　　　　　　　　　D. 应用程序

11. 在 Windows 7 的中文标点符号输入状态下,为了输入省略号(……),应按_____键。

　　A. ~　　　　　　　B. ^　　　　　　　C. –　　　　　　　D. .

12. Windows 7 的"桌面"指的是_____。

　　A. 活动窗口　　　　　　　　　　B. 某个窗口

　　C. 全部窗口　　　　　　　　　　D. Windows 启动后的整个屏幕

13. 在 Windows 7 中,下列叙述正确的是_____。

　　A. Windows 打开的多个窗口,既可平铺,也可层叠

　　B. 在不同磁盘间不能用鼠标拖动文件夹名的方法实现文件的移动

　　C. Windows 为每一个任务自动建立一个显示窗口,其位置和大小不能改变

　　D. Windows 的操作只能用鼠标

14. 目前,操作 Windows 7 最方便的工具是_____。

　　A. 键盘　　　　　　B. 屏幕　　　　　　C. 打印机　　　　　　D. 鼠标

15. 在 Windows 7 中,撤销操作的快捷键是_____。

　　A. Ctrl + Z　　　　B. Ctrl + A　　　　C. Ctrl + V　　　　D. Ctrl + X

16. 在 Windows 7 中,下列文件名不合法的是_____。

　　A. FIGURE. BMP. 001. ARJ　　　　　B. FIGURE. BMP

　　C. FIGURE BMP　　　　　　　　　　D. FIGURE * BMP

17. 如果要打开菜单,可以用控制键_____和各菜单名旁带下划线的字母。

　　A. Ctrl + Shift　　　B. Shift　　　　　C. Alt　　　　　　D. Ctrl

18. 在 Windows 7 中,如果进行了误操作,可以_____操作弥补。

  A. 复制　　　　　　B. 撤销　　　　　　C. 返回　　　　　　D. 粘贴

19. 在 Windows 7 中,打开一个文档一般就能同时打开相应的应用程序,是因为_____。

  A. 文件与应用程序进行了关联　　　　B. 文档就是应用程序

  C. 必须用这个方法启动应用程序　　　　D. 文档是应用程序的附属

20. 控制面板是 Windows 为用户提供的一种用来调整_____的程序。

  A. 系统配置　　　　　　　　　　　　B. 文件

  C. 分组窗口　　　　　　　　　　　　D. 程序类型

21. 默认情况下,在 Windows 7 中通过删除键删除了保存在硬盘上的文件或文件夹操作后_____。

  A. 该文件或文件夹被送入回收站,不可以恢复

  B. 该文件或文件夹被彻底删除,不能恢复

  C. 该文件或文件夹被送入 TEMP 文件夹

  D. 该文件或文件夹被送入回收站,以便恢复

22. 以下关于 Windows 7 中快捷方式的说法正确的是_____。

  A. 快捷方式创建好了以后就不能修改

  B. 快捷方式提供一种快速访问文件和程序的方法

  C. 快捷方式不可以由用户自己创建

  D. 快捷方式占有的内存空间非常大

23. 下列带有通配符的文件名中,能包含文件 ABC. FOR 的是_____。

  A. A?. *　　　　B. ?. ?　　　　C. * BC. ?　　　　D. ? BC. *

24. "资源管理器"窗口分为_____部分。

  A. 2　　　　B. 4　　　　C. 1　　　　D. 3

25. 在 Windows 7 查询中,通配符"?"代替_____个字符。

  A. 任意　　　　B. 1　　　　C. 3　　　　D. 2

26. 安装 Windows 7 操作系统时,系统磁盘分区必须为_____格式才能安装。

  A. FAT　　　　B. FAT16　　　　C. FAT32　　　　D. NTFS

27. 调节 Windows 7 屏幕的分辨率设置是在"控制面板"中的_____属性中设置的。

  A. 键盘　　　　B. 多媒体　　　　C. 显示　　　　D. 系统

28. 键盘上 Ctrl 键是控制键,通常它_____其他键配合使用。

  A. 不需要与　　　　　　　　　　　　B. 有时与

  C. 总是与　　　　　　　　　　　　　D. 和 Alt 一起再与

29. 默认情况下,在 Windows 7 中通过删除键删除了保存在 U 盘上的文件或文件夹操作后_____。

 A. 该文件或文件夹被送入回收站,不可以恢复

 B. 该文件或文件夹被彻底删除,不能恢复

 C. 该文件或文件夹被送入 TEMP 文件夹

 D. 该文件或文件夹被送入回收站,以便恢复

30. 一个路径为 c:/group/text1/293.txt,其中 text1 是一个_____。

 A. 文本文件　　　　B. 根文件夹　　　　C. 文件夹　　　　D. 文件

31. Windows 7 环境中,鼠标变成沙漏状表示_____。

 A. 提示用户注意某个事项,而不影响计算机工作

 B. Windows 7 正在执行某一处理任务,请用户等待

 C. 等待用户键入 Y 或 N,以便继续

 D. Windows 7 执行的程序出错,终止执行

32. 在记事本中,如果进行了多次剪贴操作,关闭记事本后,剪贴板的内容是_____。

 A. 所有剪贴的内容　　　　　　　　B. 空白

 C. 第一次剪贴内容　　　　　　　　D. 最后一次剪贴内容

33. 在 Windows 7 文件夹中可以包含有_____。

 A. 文件、快捷方式　　　　　　　　B. 文件

 C. 文件、文件夹、快捷方式　　　　D. 文件、文件夹

34. 在退出 Windows 7 中的提问确认对话框中若回答"取消",则 Windows 7 _____。

 A. 不做任何的响应　　　　　　　　B. 退出 Windows

 C. 再提问　　　　　　　　　　　　D. 不退出 Windows,返回之前的界面

35. 在 Windows 7 的中文输入方式下,要输入中文标点符号顿号,应按的键是_____。

 A. &　　　　　　B. ~　　　　　　C. \　　　　　　D. /

36. 在"我的电脑"或"资源管理器"窗口中,使用_____可以按名称、类型、大小、日期排列右区图标的顺序。

 A."查看"菜单　　B."文件"菜单　　C."编辑"菜单　　D. 快捷菜单

37. 在资源管理器中,若要选定一组连续的文件,可以单击该组第一文件,再按住_____键后单击该组最后一个文件。

 A. Tab　　　　　　B. Ctrl　　　　　　C. Alt　　　　　　D. Shift

38. 在 Windows 7 中格式化磁盘,正确的说法是_____。

 A. C 盘不能格式化

 B. 打开"我的电脑",用鼠标右键单击指定驱动器图标,从菜单中选择"格式化"

C. 在 Windows 中无法进行软盘格式化

D. 可双击指定的驱动器图标

39. 要创建一个名字为 test. txt 的文档,用_____操作可以实现。

A. 利用"文件"菜单中的"打开"命令,在"打开"文件对话框中输入文件名

B. 利用"文件"菜单中的"新建"命令,创建一个空文档,编辑完毕后进行保存,在弹出的"另存为"对话框输入文件名

C. 利用"窗口"菜单中的"新建窗口"命令

D. 利用"插入"菜单中的文件命令,输入文件名

40. 在 Windows 7 中,文件标识符一般格式为_____。

A. [<路径 >] <文件名 >

B. [<盘符 >] <文件名 >

C. [<盘符 >][<路径 >] <文件名 >[<扩展名 >]

D. [<盘符 >] <文件名 >[<扩展名 >]

二、不定项选择题

1. 在 Windows 7 安装完成后,桌面上出现有_____图标。

A. 回收站　　　B. 收件箱　　　C. 我的电脑　　　D. 资源管理器

2. 在 Windows 7 中,可以根据_____进行搜索。

A. 日期　　　B. 大小　　　C. 文件名　　　D. 类型

3. 在 Windows 7 中,下列说法正确的有_____。

A. 硬盘可以有多个根目录,而软盘只能有一个根目录

B. 硬盘可以有多个根目录,也可以有多个子目录

C. 硬盘只有一个根目录,而软盘可以有多个根目录

D. 软盘只能有一个根目录,但可以有多个子目录

4. 在 Windows 7 中,可完成的磁盘操作有_____。

A. 磁盘清理　　　　　　B. 磁盘格式化

C. 磁盘碎片清理　　　　D. 软盘复制

5. 在 Windows 7 中,个性化设置包括_____。

A. 主题　　　B. 桌面背景　　　C. 窗口颜色　　　D. 声音

6. 在 Windows 7 中,能改变窗口大小的操作是_____。

A. 将鼠标指针指向标题栏,拖动鼠标　　B. 单击窗口上的"还原/最大化"按钮

C. 将鼠标指针指向窗口的边框,拖动鼠标　　D. 将鼠标指针指向菜单栏,拖动鼠标

7. 在 Windows 7 的"资源管理器"中,如要想选定多个文件或文件夹,正确的操作是_____。

    A. 按住 Ctrl,用鼠标右键逐个选取   B. 按住 Shift,用鼠标左键选取

    C. 按住 Ctrl,用鼠标左键逐个选取   D. 按住 Shift,用鼠标右键选取

8. 下列关于快捷菜单的描述中正确的是_____。

    A. 选定需要操作的对象,单击右键,屏幕上就会弹出相应的快捷菜单

    B. 快捷菜单可以显示出与某一对象相关的命令

    C. 单击桌面或窗口上的任一空白区域,都可以退出快捷菜单

    D. 选定需要操作的对象,单击左键,屏幕上就会弹出相应的快捷菜单

9. Windows 7 控制面板中包括_____。

    A. 程序和功能   B. 系统

    C. 任务栏和开始菜单   D. 显示

10. 按照键盘输入指法要求,右手无名指应负责的按键包括_____。

    A. 9   B. L   C. 5   D. S

11. 在 Windows 7 中,对话框可以包括_____。

    A. 文本框   B. 菜单栏   C. 列表框   D. 标题栏

12. 在 Windows 7 中,将某个打开的窗口切换为活动窗口的操作为_____。

    A. 连续按 Ctrl + Space 键

    B. 用鼠标单击"任务栏"上该窗口的对应按钮

    C. 用鼠标直接单击需要激活窗口的可视部分

    D. 保持 Alt 键按下状态不变,并且连续按下 Tab 键

13. 在 Windows 7 中,进行菜单操作可以采用以下_____方式。

    A. 用鼠标   B. 使用功能键   C. 用键盘   D. 使用快捷键

14. 在英文录入时,可以进行大小写切换的键是_____。

    A. Ctrl   B. Caps Lock   C. Shift   D. Tab

15. 以下关于 Windows 7 中"任务栏"的说法正确的有_____。

    A. 在"任务栏"中有"开始"按钮

    B. 通过"任务栏"可以实现窗口切换

    C. 当关闭"程序"窗口时,"任务栏"也随之消失

    D. "任务栏"始终显示在屏幕底端

16. 按照键盘输入的指法要求,右手中指应负责的按键包括_____。

    A. <M>   B. <8>   C. <K>   D. <E>

17. 在 Windows 7 窗口的标题栏上可能存在的按钮有_____。

    A. "还原"按钮 　　　　　　　　B. "关闭"按钮

    C. "最大化"按钮 　　　　　　　　D. "最小化"按钮

18. 按照键盘输入的指法要求,左手食指应负责的按键包括_____。

    A. < Space >(空格) 　　　　　　　B. < D >

    C. < G > 　　　　　　　　　　　　D. < F >

19. 在 Windows 7 环境下,鼠标的主要操作有_____。

    A. 右击 　　　　　　　　　　　　B. 拖动

    C. 连续交替按左右键 　　　　　　D. 指向

20. 在 Windows 7 中,各种程序获取帮助的常用方法有_____。

    A. 对话框标题栏上的问号按钮(如果有此按钮)

    B. 把鼠标移到工具栏或任务栏时,稍停留一下,就可以得到相应的提示信息

    C. 窗口菜单栏的"帮助"菜单(如果有此菜单项)

    D. 单击"开始"菜单下的"关机"项

三、填空题

1. 在 Windows 资源管理器窗口中,通过_____(2 个汉字)菜单,可以新建一个文件夹。

2. 在 Windows 中要想将当前窗口的内容存入剪贴板中可以按键盘____(3 个大写字母) + PrintScreen 键。

3. Windows 窗口标题最右端的 × 按钮名为_____(2 个汉字)窗口按钮。

4. 在 Windows 中选定文件或者文件夹后,要修改其名称,可以单击鼠标_____(1 个汉字)键,然后在弹出的快捷菜单中选择"重命名"命令。

5. 在 Windows 中,"回收站"是_____(2 个汉字)中的一块区域。

6. 在 Windows 中,被逻辑删除的文件或者文件夹存放在_____(3 个汉字)中。

7. Windows 窗口中最上面的一栏称为_____(3 个汉字)。

8. 在 Windows 中,可以利用控制面板或桌面上_____(3 个汉字)最右边的时间指示器来设置时间。

9. 在 Windows 中,最重要的输入工具是_____(2 个汉字)。

10. 在 Windows 操作系统中,"Ctrl + X"是_____(2 个汉字)命令的快捷键。

四、判断题

1. 在 Windows"开始"菜单中的"所有程序"所对应的二级菜单中列出了计算机中安装的所有

程序。　　　　　　　　　　　　　　　　　　　　　　　　　　　　　（　　）

2. Windows 中的桌面上同时打开多个窗口,其中活动窗口在任务栏上的按钮为高亮显示。
　　　　　　　　　　　　　　　　　　　　　　　　　　　　　　　　（　　）

3. 在 Windows 中,所有被删除的文件或者文件夹都可以被放进"回收站"中。　　（　　）

4. 在标准键盘指法中,左手基准键为 A、S、D、F。　　　　　　　　　　（　　）

5. Windows 菜单中包括"开始"菜单、下拉菜单、弹出式菜单。　　　　　（　　）

6. Windows 资源管理器窗口的标题栏显示的是正在运行的应用程序的名称。　（　　）

7. 在 Windows 7 中默认库被删除了就无法恢复。　　　　　　　　　　（　　）

8. Windows 提供了复制活动窗口中的图像到剪贴板的功能。　　　　　（　　）

9. Windows 系统安装并启动后,"回收站"就安排在桌面上了。　　　　（　　）

10. Windows 的任务栏在默认的情况下位于屏幕底部。　　　　　　　　（　　）

11. 在 Windows 中,Ctrl + Esc 可以切换所有已经打开的窗口。　　　　（　　）

12. 在"资源管理器"窗口中,左边窗格显示的是计算机资源管理的组织结构,右边窗格显示
　　　是在左边窗格中选取项目的内容。　　　　　　　　　　　　　　　（　　）

13. 在相同目录下,可以存放同名文件。　　　　　　　　　　　　　　（　　）

14. 在 Windows 中,通配符 *(星号)代表任意字符。　　　　　　　　（　　）

15. 在 Windows 中,用户不能对开始菜单进行添加和删除。　　　　　　（　　）

16. 在 Windows 中所有菜单只能通过鼠标才能打开。　　　　　　　　（　　）

17. 空格也是有形字符。　　　　　　　　　　　　　　　　　　　　　（　　）

18. 在 Windows 中,只能根据文件名进行查找。　　　　　　　　　　（　　）

19. 用户不能在桌面中隐藏任务栏。　　　　　　　　　　　　　　　　（　　）

20. 单击菜单中带有省略号(…)的命令会产生一个对话框。　　　　　　（　　）

21. 在 Windows 窗口中内容不能完全显示在窗口时,窗口中会出现滚动条。　（　　）

22. Windows 具有屏幕保护功能。　　　　　　　　　　　　　　　　（　　）

23. 默认情况下,删除 U 盘上的文件,可以在回收站中恢复。　　　　　（　　）

24. 在 Windows 中,"查找结果"列表框中的文件图标不可直接进行复制和删除。　（　　）

25. 鼠标右键拖放不能复制文件,只能创建快捷方式。　　　　　　　　（　　）

26. Windows 具有庞大的帮助系统,通过它不仅可以了解 Windows 的主要功能和基本操作,
　　　还可以帮助解决某些疑难杂症。　　　　　　　　　　　　　　　（　　）

27. Windows 的即插即用功能是指 Windows 能自动识别所有硬件并自动为其安装驱动程序。
　　　　　　　　　　　　　　　　　　　　　　　　　　　　　　　　（　　）

28. 在 Windows 窗口中,按住 Shift 键可以选定多个连续的文件。　　　（　　）

29. 在 Windows 中,若希望显示文件的名称、类型、大小等信息,应选择"查看"菜单中的"列表"方式。　　　　　　　　　　　　　　　　　　　　　　(　　)

30. 在 Windows 中,对话框可以调整大小,移动位置。　　　　　　　　　(　　)

参考答案

一、单项选择题

1. C	2. B	3. A	4. D	5. B	6. C	7. B	8. A	9. D
10. A	11. B	12. D	13. A	14. D	15. A	16. D	17. C	18. B
19. A	20. A	21. D	22. B	23. D	24. A	25. B	26. D	27. C
28. C	29. B	30. C	31. B	32. D	33. C	34. D	35. C	36. A
37. D	38. B	39. B	40. C					

二、不定项选择题

1. A	2. ABCD	3. BD	4. ABCD	5. ABCD	6. BC	7. BC	8. ABC	9. ABCD
10. AB	11. ACD	12. BCD	13. ABCD	14. BC	15. AB	16. BC	17. ABCD	18. CD
19. ABD	20. ABC							

三、填空题

1. 文件	2. Alt	3. 关闭	4. 右	5. 硬盘	6. 回收站
7. 标题栏	8. 任务栏	9. 鼠标	10. 剪切		

四、判断题

1. ×	2. √	3. ×	4. √	5. √	6. ×	7. ×	8. √	9. √	10. √
11. ×	12. √	13. ×	14. √	15. ×	16. ×	17. √	18. ×	19. ×	20. √
21. √	22. √	23. ×	24. ×	25. ×	26. √	27. ×	28. √	29. ×	30. ×

Word 2010 基础应用习题

一、单项选择题

1. 第一次启动 Word 后,创建的空白文档的文档名为_____。

    A. 新文档   B. 我的文档   C. UNTITLED   D. 文档 1

2. 在 Word 环境下,Word_____。

    A. 只能打开一个文件   B. 只能打开两个文件

    C. 可以打开多个文件   D. 以上都不对

3. Word 是_____的文字处理软件。

    A. 编辑时屏幕上所见到的,就是所得到的结果

    B. 模拟显示看到的,才是可得到的结果

    C. 打印出来后,才是可得到的结果

    D. 无任何结果

4. 在 Word 中,_____可以改变字体、字号大小、字形等。

    A. 引用选项卡   B. 段落选项组

    C. 样式选项组   D. 字体选项组

5. 在 Word 环境下,改变"间距"说法正确的是_____。

    A. 只能改变段与段之间的间距   B. 只能改变字与字之间的间距

    C. 只能改变行与行之间的间距   D. 以上说法都不成立

6. 在 Word 环境下,Word 在保存文件时自动增加的扩展名是_____。

    A. . TXT   B. . DOCX   C. . SYS   D. . EXE

7. 在 Word 环境下,如果你在编辑文本时执行了错误操作,_____功能可以帮助你恢复原来的状态。

    A. 复制   B. 粘贴   C. 撤销   D. 清除

8. Word 文字处理使用模板的过程是:单击_____,选择模板名。

    A. 文件→打开   B. 文件→新建   C. 格式→模板   D. 工具→选项

9. 在 Word 中,可以利用_____很直观地改变段落缩进方式,调整左右边界。

    A. 菜单栏   B. 工具栏   C. 格式栏   D. 标尺

10. 在 Word 环境下,在删除文本框时_____。

    A. 只删除文本框内的文本

    B. 只能删除文本框边线

    C. 文本框边线和文本都删除

    D. 在删除文本框以后,正文不会进行重排

11. Word 文字处理在_____选项卡中选择"打印"命令,窗口将显示"打印"信息。

    A. 文件   B. 编辑   C. 视图   D. 工具

12. Word 文字处理中单击字体选项组中的有关按钮,下列_____种文本属性不会作用到选定的文本上。

    A. 粗体   B. 斜体   C. 双删除线   D. 加下划线

13. 在 Word 的编辑状态,进行"替换"操作时,应当使用_____选项卡中的命令。

    A. 插入   B. 视图   C. 引用   D. 开始

14. Word 文字处理,"剪切"命令用于删除文本或图形,并将它放置到_____。

    A. 硬盘上   B. 软盘上   C. 剪贴板上   D. 文档上

15. Word 文字处理,在某个文档窗口中进行了多次剪切操作,并关闭了该文档窗口后,剪贴板中的内容为_____。

    A. 第一次剪切的内容   B. 最后一次剪切的内容

    C. 所有剪切的内容   D. 空白

16. 在 Word 的编辑状态下,输入的文字显示在_____。

    A. 鼠标光标处   B. 插入点   C. 文件尾部   D. 当前行尾部

17. Word 文档中,每个段落都有自己的段落标记,段落标记的位置在_____。

    A. 段落的首部   B. 段落的结尾部

    C. 段落的中间位置   D. 段落中,但用户找不到位置

18. 在 Word 文档中将一部分文本内容复制到别处,先要进行的操作是_____。

    A. 粘贴   B. 复制   C. 选择   D. 剪切

19. 在 Word 环境下,在文本中插入文本框_____。

    A. 是竖排的   B. 是横排的

    C. 既可以竖排,也可以横排   D. 可以任意角度排版

20. Word 具有分栏功能,下列关于分栏的说法正确的是_____。

    A. 最多可以设 4 栏   B. 各栏的宽度必须相同

C.各栏的宽度可以不同　　　　　　　　D.各栏不同的间距是固定的

21.在 Word 的编辑状态下,操作的对象经常是被选择的内容,若鼠标在某行行首左边的文本选择区,则选择光标所在行的操作是＿＿＿＿＿＿＿＿。

　　A.单击鼠标左键　　　　　　　　　　B.将鼠标左键击三下

　　C.双击鼠标左键　　　　　　　　　　D.单击鼠标右键

22.在 Word 文本编辑区中有一个闪烁的粗竖线,它是＿＿＿＿＿＿＿。

　　A.分节符　　　　　B.插入点　　　　　C.鼠标光标　　　　　D.分栏符

23.在 Word"段落"对话框中,不能设定文字的＿＿＿＿＿＿＿。

　　A.缩进方式　　　　B.字符间距　　　　C.行间距　　　　　D.对齐方式

24.在 Word 中,可以通过鼠标单击＿＿＿＿＿＿＿选项卡中"艺术字"按钮来输入艺术字。

　　A.开始　　　　　　B.审阅　　　　　　C.插入　　　　　　D.视图

25.选择 Word"文件"选项卡的"最近所用文件"命令,窗口中间列有若干文档名,这些文件是＿＿＿＿＿＿＿文档。

　　A.目前处于打开状态的　　　　　　　B.最近用 Word 打开过的

　　C.当前目录下的所有 Word　　　　　D.目前正在打印队列中的

26.选择 Word 表格中的一行或一列以后,＿＿＿＿＿＿＿＿＿就能删除该行或该列。

　　A.按空格键　　　　　　　　　　　　B.按 Ctrl + Tab 键

　　C.单击"剪切"按钮　　　　　　　　　D.按 Insert 键

27.在 Word 环境下,如果我们对已有表格的每一行求和,可选择的公式是＿＿＿＿＿＿＿＿。

　　A. = SUM　　　　　　　　　　　　　B. = SUM(LEFT)

　　C. = SORT　　　　　　　　　　　　D. = QRT

28.在 Word 环境下,在平均分布表格时＿＿＿＿＿＿＿＿。

　　A.是对整个表格而言　　　　　　　　B.是对整个一列

　　C.是对整个一行　　　　　　　　　　D.是所选定的几行或几列

29.Word 中当前插入点在表格中某行的第一个单元格内,按 Enter 键后可以使＿＿＿＿＿＿＿＿＿。

　　A.插入点所在的行加高　　　　　　　B.插入点所在的列加宽

　　C.插入点下一行增加一行　　　　　　D.对表格不起作用

30.在 Word 的表格中,若输入的内容超出了单元格的宽度,则＿＿＿＿＿＿＿＿。

　　A.超出部分的文字被视为无效

　　B.超出部分的文字将会隐藏起来

　　C.单元格内自动换行并增加高度,以保证文字的输入

　　D.单元格自动加宽以保证文字的输入

31. 在 Word 中,如果在一个文件中插入另一个文件,操作为＿＿＿＿＿＿＿＿＿＿。

　　A.“文件”选项卡中选择“发送”　　　　　B.“插入”选项卡中选择“对象”

　　C.“开始”选项卡中选择“粘贴”　　　　　D.“插入”选项卡中选择“文件”

32. 下列方式中,可以显示出页眉和页脚的是＿＿＿＿＿＿＿＿＿＿。

　　A. Web 版式视图　　　　　　　　　　B. 页面视图

　　C. 大纲视图　　　　　　　　　　　　D. 全屏视图

33. 在 Word 中,可以将编辑的文本以多种格式保存下来。下列选项中,Word 支持的是

　　＿＿＿＿＿＿＿＿＿＿。

　　A. 文本文件、WPS 文件、位图文件　　　B. docx 文件、txt 文件、rtf 文件

　　C. pic 文件、txt 文件、书写器文件　　　D. wri 文件、bmp 文件、docx 文件

34. 在 Word 中,可以通过＿＿＿＿＿＿＿＿＿＿选项卡中的“翻译”将文档内容翻译成其他语言。

　　A. 开始　　　　　B. 页面布局　　　　　C. 审阅　　　　　D. 引用

35. 在 Word 中,“打开”一个旧的文件进行修改,其正确意思是＿＿＿＿＿＿＿＿＿＿。

　　A. 计算机直接对存放在磁盘中的文件进行操作

　　B. 计算机把存放在磁盘中的文件,复制到“我的文档”中进行操作

　　C. 计算机把存放在磁盘中的文件,移动到计算机内存中进行操作

　　D. 计算机把存放在磁盘中的文件,复制到计算机内存中进行操作

36. 在 Word 的编辑状态下,打开了“w1.docx”文档,若要将经过编辑后的文档以“w2.docx”
　　为名存盘,应当执行“文件”选项卡的命令是＿＿＿＿＿＿＿＿＿＿。

　　A. 保存　　　　　B. 另存为 HTML　　　C. 另存为　　　　　D. 版本

37. 在 Word 中,利用“页面布局”中的“页面设置”命令对输入的文本进行排版,这里排版的
　　含义是指＿＿＿＿＿＿＿＿＿＿。

　　A. 设置纸张大小、方向、版面、页边距

　　B. 设置页边距、页码、分页方式

　　C. 设置纸张大小、方向、段落对齐方式、字体大小和颜色

　　D. 设置版面、页码、分页方式

38. 在 Word 的编辑状态下,按先后顺序依次打开了 d1.docx、d2.docx、d3.docx、d4.docx 四个
　　文档,当前的活动窗口是＿＿＿＿＿＿＿＿＿＿文档的窗口。

　　A. d1.docx　　　　　B. d2.docx　　　　　C. d3.docx　　　　　D. d4.docx

39. 关于 Word 的功能,下面说法中错误的是＿＿＿＿＿＿＿＿＿＿。

　　A. 可以自动保存文件,间隔时间由用户设定

　　B. 查找和替换字符串时,可以区分大小写

C. 可以正确编辑标准文本文件,但用 DOS 的 TYPE 命令不能正确显示其内容

D. 不能以不同的比例显示文档

40. 在 Word 环境下,进行打印设置,下列说法正确的是＿＿＿＿＿＿＿。

    A. 只能打印文档的全部信息　　　　　　B. 不能跳页打印

    C. 一次只能打印一份　　　　　　　　　D. 可以打印多份

41. 中文 Word 编辑软件的运行环境是＿＿＿＿＿＿＿。

    A. DOS　　　　　B. UCDOS　　　　　C. WPS　　　　　D. Windows

42. 以下关于"Word 文档"的说法正确的是＿＿＿＿＿＿＿。

    A. Word 可以同时编辑多个文档

    B. 用 Word 生成的文档只能是". docx"". dotx"类型

    C. 可以用"另存为"命令,将正在编辑的文档存为其他格式

    D. Word 文档必须先命名后录入

43. Word 2010 与其他应用程序共享数据时,只有通过＿＿＿＿＿＿＿方式共享,Word 文档中的信息才会随着信息源的更改而自动更改。

    A. 嵌入　　　　　B. 链接　　　　　C. 复制　　　　　D. 都可以

44. 给 Word 文档加上连续的页号是在以下＿＿＿＿＿＿＿选项卡中完成的。

    A. 页面布局　　　　B. 引用　　　　　C. 文件　　　　　D. 插入

45. 在 Word 环境下,在对文本进行字体设置时,下列叙述正确的是＿＿＿＿＿＿＿。

    A. 在文本中不能使用多种符号　　　　B. 在文本中不能中、英混用

    C. 在文本中不能使用多种字体　　　　D. 以上说法都不正确

46. 在 Word 编辑状态,设定文档段之间的间距可以通过"段落"对话框中的＿＿＿＿＿＿＿命令。

    A. 间距　　　　　B. 行距　　　　　C. 分栏　　　　　D. 字体

47. 以下关于 Word 打印操作的说法正确的是＿＿＿＿＿＿＿。

    A. Word 的打印过程一旦开始,在中途无法停止

    B. Word 每次只能打印一份文稿

    C. 在 Word 开始打印前可以进行打印预览

    D. 打印格式由 Word 软件控制,用户无法调整

48. 在 Word 环境下,为了处理中文文档,用户可以使用＿＿＿＿＿＿＿键在英文和各种输入法之间进行切换。

    A. Shift + W　　　　　　　　　　　B. Ctrl + Shift

    C. Ctrl + Alt　　　　　　　　　　　D. Ctrl + Space

49. 在 Word 的编辑状态下,文件中有一行被选择,当按 Delete 键后_____。

　　A. 删除了被选择的一行　　　　　　　　B. 删除了被选择行及其后的所有内容

　　C. 没有任何效果　　　　　　　　　　　D. 删除了被选择行及其前的所有内容

50. 在 Word 环境下,分栏编排_____。

　　A. 两栏是对等的　　　　　　　　　　　B. 只能排两栏

　　C. 可以运用于所选择的文档　　　　　　D. 只能运用于全部文档

51. Word 的集中式剪贴板可以保存最近_____次复制的内容。

　　A. 1　　　　　　　B. 6　　　　　　　C. 12　　　　　　　D. 16

52. Word 文档中,下列哪种操作可以选择光标所在段落?_____

　　A. 三击鼠标　　　　B. 单击　　　　　　C. 双击　　　　　　D. 右击

53. 在 Word 环境下,文件中插入图片_____。

　　A. 可以选择图片和文本的关系　　　　　B. 文本文件不会重新排版

　　C. 一定不会覆盖原来的文本信息　　　　D. 一定会覆盖原来的文本信息

54. 在 Word 编辑窗口中要将插入点移到光标所在行的行尾可用_____。

　　A. Home　　　　　B. Ctrl + Home　　　C. End　　　　　　D. Ctrl + End

55. 在 Word 中,可以利用_____很直观地改变段落缩进方式,调整左右边界。

　　A. 标尺　　　　　　B. 格式栏　　　　　C. 工具栏　　　　　D. 菜单栏

56. 在 Word 中,设置打印纸张大小时,应该使用的命令是_____。

　　A. "文件"选项卡中的"打印预览"命令

　　B. "页面布局"选项卡中的"纸张大小"命令

　　C. "视图"选项卡中的"纸张大小"命令

　　D. "开始"选项卡中的"纸张大小"命令

57. 在 Word 窗口工作区中,闪烁的垂直光条表示_____。

　　A. 插入点　　　　　B. 光标的位置　　　C. 鼠标位置　　　　D. 键盘位置

58. 在 Word 的编辑状态下,打开文档 ABC,修改后另存为文档 ABD,则文档 ABC _____。

　　A. 被修改未关闭　　　　　　　　　　　B. 被文档 ABD 覆盖

　　C. 未修改被关闭　　　　　　　　　　　D. 被修改并关闭

59. 在 Word 编辑状态,设定文档段之间的间距可以通过"开始"选项卡的_____对话框。

　　A. 段落　　　　　　B. 样式　　　　　　C. 分栏　　　　　　D. 字体

60. 在 Word 环境下,可以通过_____选项卡,使用查找功能。

　　A. 开始　　　　　　B. 文件　　　　　　C. 引用　　　　　　D. 审阅

61. 在 Word 编辑状态中,要输入罗马数字"Ⅳ",那么需要使用的选项卡是_____。

 A. 开始 B. 文件 C. 页面布局 D. 插入

62. 在 Word 中,使用艺术字字体可使文本产生特殊效果,选择"插入"选项卡,然后再选_____命令。

 A. 图片 B. 文本框 C. 艺术字 D. 对象

63. Word 中打印页码范围为"4 – 9,16",表示打印的是_____。

 A. 仅第 4 页到第 9 页 B. 第 4 页,第 9 页,第 16 页

 C. 第 4 页到第 9 页,第 16 页 D. 第 4 页到第 16 页

64. 在 Word 环境下,不可以在同一行中设定为_____。

 A. 1.5 倍行距 B. 单倍行距

 C. 单、双混合行距 D. 双倍行距

65. Word 是下列哪个公司的产品?_____。

 A. IBM B. 金山 C. 联想 D. 微软

66. 以下关于"Word 文本行"的说法正确的是_____。

 A. Word 文本行的宽度与页面设置无关

 B. Word 文本行宽度用户无法控制

 C. 输入文本内容达到屏幕右边界时应按回车键执行

 D. 在 Word 文本行的宽度就是显示器的宽度

67. Word 可以打开_____类型的文件。

 A. 目标程序 B. 系统 C. 文本 D. 可执行

68. 在 Word 中,"插入"选项卡下"形状"命令的作用是_____。

 A. 设置字符格式 B. 绘制表格

 C. 设置页眉和页脚 D. 制作一些简单图形

69. 在 Word 中,用鼠标拖动垂直滚动条上的滑块,则_____。

 A. 不会显示页号

 B. "编辑"窗口中的文本内容不会随之滚动

 C. 滑动块的位置表示当前文本在整个文档中的相对位置

 D. 插入的光标随之移动

70. Word"开始"选项卡中的"格式刷"可用于复制文本或段落的格式,若要将选中的文本或段落的格式复制多次,应进行的操作是_____。

 A. 单击"格式刷"按钮 B. 双击"格式刷"按钮

 C. 拖动"格式刷"按钮 D. 右击"格式刷"按钮

71. 在 Word 中"剪切"命令用于删除文本或图形,并将它放置到_____。

    A. 文档上 　　　　　　　　　　　　　B. 硬盘上

    C. Office 剪贴板上 　　　　　　　　　D. 软盘上

72. 在 Word 中,对某个段落的全部文字进行下列设置,属于段落格式设置的是_____。

    A. 设置为四号字 　　　　　　　　　　B. 设置为楷体字

    C. 设置为 1.5 倍行距 　　　　　　　　D. 设置为 4 磅字间距

73. 下面有关 Word 2010 表格功能的说法不正确的是_____。

    A. 可以通过表格工具将表格转换成文本 　B. 表格的单元格中可以插入表格

    C. 表格中可以插入图片 　　　　　　　D. 不能设置表格的边框线

74. 在 Word 窗口中,当鼠标指针位于_____时,指针变成指向右上方的箭头形状。

    A. 文本区中插入的图片或图文框中 　　B. 文本编辑区

    C. 文本区上面的标尺 　　　　　　　　D. 文本区左边的选定区

75. 给每位家长发送一份期末成绩通知单,用_____命令最简便。

    A. 复制 　　　　　B. 信封 　　　　　C. 标签 　　　　　D. 邮件合并

76. 在 Word 环境下,在选择一段文本以后,不可以进行_____操作。

    A. 剪切 　　　　　B. 删除 　　　　　C. 剪贴 　　　　　D. 复制

77. 在 Word 中,某个文档窗口中进行了多次剪贴操作,关闭了该文档窗口后,剪贴板中的内容为_____。

    A. 第一次剪贴的内容 　　　　　　　　B. 最后一次剪贴的内容

    C. 空白 　　　　　　　　　　　　　　D. 多次剪贴的内容

78. 在 Word 环境下,在标尺的文本缩进中没有提供_____工具。

    A. 左缩进 　　　　B. 右缩进 　　　　C. 首行缩进 　　　　D. 前缩进

79. 在 Word 环境下,在使用查找功能时,如果选中了"查找单词的各种形式",假如输入查找的单词是"make",会找到的单词是_____。

    A. Made 　　　　　B. Make 　　　　　C. made 　　　　　D. Maker

80. 在 Word 2010 的编辑状态下,执行"开始"选项卡中的"复制"命令后_____。

    A. 被选择的内容被复制到插入点处 　　B. 被选择的内容被复制到剪贴板

    C. 插入点所在的段落内容被复制到剪贴板 　D. 光标所在的段落内容被复制到剪贴板

81. 在 Word 2010 中,新建一个 Word 文档,默认的文件名是"文档 1",文档内容的第一行标题是"说明书",保存该文件时没有重新命名,则该 Word 文档的文件名是_____。

    A. 文档 1. docx 　　　　　　　　　　　B. doc1. docx

    C. 说明书. docx 　　　　　　　　　　　D. 没有文件名

82. Word 2010 编辑状态下,若想将表格中连续 3 列的列宽调整为 1 cm,应该先选中这 3 列,然后设置_____。

    A. "表格工具｜布局"→"分布列"命令

    B. "表格工具｜布局"→"宽度"命令

    C. "表格工具｜布局"→"表格自动套用格式"命令

    D. "表格工具｜布局"→"分布行"命令

83. 在 Word 编辑状态下,拖动水平标尺的"右缩进"滑块,则_____。

    A. 没有任何效果

    B. 文档中被选定的各段右边的起始位置都将重新定义

    C. 文档中各段右边的起始位置都将重新定义

    D. 当前页面右边的起始位置都将重新定义

84. 在 Word 编辑状态下,对于选定的文字_____。

    A. 不可以设置颜色,不可以设置动态效果

    B. 不可以设置颜色,可以设置动态效果

    C. 可以设置颜色,不可以设置动态效果

    D. 可以设置颜色,可以设置动态效果

85. 在编辑 Word 2010 文档时,"剪切"命令和"复制"命令都将选定的内容放在剪贴板上,但"复制"命令保留选定的内容,而"剪切"命令_____。

    A. 粘贴选定的内容   B. 删除选定的内容

    C. 保留选定的内容   D. 复制选定的内容

86. 在 Word 的编辑状态中,对已经输入的文档进行分栏操作,需要使用的选项卡是_____。

    A. 开始   B. 视图

    C. 插入   D. 页面布局

87. 在 Word 中第一次保存文件,将出现_____对话框。

    A. 全部另存为   B. 全部保存

    C. 保存   D. 另存为

88. 在 Word 编辑状态,可以使插入点快速移到文档首部的组合键是_____。

    A. Ctrl + Home   B. Alt + Home

    C. Home   D. PageUp

89. 在 Word 中排序功能不适用于_____。

    A. 表格   B. 中英文

    C. 数字   D. 日期

90. 在 Word 的编辑状态,连续进行了两次输入操作,当单击一次"撤销"按钮后＿＿＿＿＿＿＿＿。

　　A. 将两次插入的内容全部取消　　　　　　B. 将第一次插入的内容取消

　　C. 将第二次插入的内容取消　　　　　　　D. 两次插入的内容都不被取消

91. Word 编辑文本时,为了把不相邻的两段文字互换位置,可以采用＿＿＿＿＿＿＿＿操作。

　　A. 剪切　　　　　　　　　　　　　　　　B. 粘贴

　　C. 复制 + 粘贴　　　　　　　　　　　　　D. 剪切 + 粘贴

92. 下列方法中,不能将多个单元格合并成一个单元格的是＿＿＿＿＿＿＿＿。

　　A. 通过"合并单元格"命令　　　　　　　B. 删除单元格

　　C. 通过清除单元格边框线的方法　　　　　D. 使用"擦除"按钮清除单元格边框线

93. 在 Word 中,对插入的图片,不能进行的操作是＿＿＿＿＿＿＿＿。

　　A. 修改其中的图形　　　　　　　　　　　B. 从矩形边缘裁剪

　　C. 放大或缩小　　　　　　　　　　　　　D. 移动位置

94. 启动 Word 是在启动＿＿＿＿＿＿＿＿的基础上进行的。

　　A. DOS　　　　　　　　　　　　　　　　B. WPS

　　C. Windows　　　　　　　　　　　　　　D. UCDOS

95. 双击"资源管理器"或"我的电脑"窗口中某 Word 文件名(或图标),将＿＿＿＿＿＿＿＿。

　　A. 启动 Word 程序,并自动建立一个名为"文档1"的新文档

　　B. 启动 Word 程序,并打开此文档

　　C. 在打印机上打印该文档

　　D. 启动 Word 程序,但不建立新文档也不打开此文档

96. 在 Word 2010 的文档中选定文档的某行内容后,使用鼠标拖动方法将其移动时配合

　　的键是＿＿＿＿＿＿＿＿。

　　A. 按住 Esc 键　　　　　　　　　　　　　B. 按住 Ctrl 键

　　C. 按住 Alt 键　　　　　　　　　　　　　D. 不做操作

97. 在 Word 中,选定标题文本,如要居中对齐可以单击＿＿＿＿＿＿＿＿中的"居中对齐"

　　按钮。

　　A. "字体"选项卡　　　　　　　　　　　　B. "样式"选项卡

　　C. "编辑"选项卡　　　　　　　　　　　　D. "段落"选项卡

98. Word 2010 的表格操作中,当前插入点在表格中某行的最后一个单元格内,按 Enter 键后

　　则＿＿＿＿＿＿＿＿。

　　A. 插入点所在的行加高　　　　　　　　　B. 插入点所在的列加宽

　　C. 在插入点下一行增加一空表格行　　　　D. 对表格不起作用

99. 在 Word 2010 编辑状态下,只想复制选定文字的内容而不需要复制选定文字的格式,则应＿＿＿＿＿＿。

    A. 直接使用"粘贴"按钮   B. 单击"粘贴"→"选择性粘贴"命令

    C. 单击"编辑"→"粘贴"命令   D. 在指定位置按鼠标右键

100. 在 Word 2010 编辑状态下,要将另一文档的内容全部添加在当前文档的当前光标处,应选择的操作是＿＿＿＿＿＿。

    A. 单击"文件"→"打开"命令   B. 单击"文件"→"新建"命令

    C. 单击"插入"→"对象"命令   D. 单击"插入"→"超链接"命令

二、多项选择题

1. 下列对 Word 2010 描述正确的有＿＿＿＿＿＿。

    A. 一次只能打开一个文件,不能同时打开多个文件

    B. 可以将文件保存为纯文本(TXT)格式

    C. 默认的扩展名为 docx

    D. 在退出 Word 时,将提示保存修改后未被保存的文件

2. 退出 Word 应用程序的方法有＿＿＿＿＿＿。

    A. 单击位于窗口左上角的控制菜单图标   B. 使用"Alt + F4"快捷键

    C. 执行"文件"菜单中的"关闭"命令   D. 执行"文件"菜单中的"退出"命令

3. 在 Word 中,当选中了文本后,使用＿＿＿＿＿＿命令可以使剪贴板内容与选中的内容一致。

    A. 粘贴   B. 剪切   C. 复制   D. 删除

4. 对 Word 文档中插入的图片可进行＿＿＿＿＿＿操作。

    A. 移动图片   B. 改变图片尺寸

    C. 设置图片为水印效果   D. 设置图片的环绕方式

5. 下列关于 Word 文档页眉、页脚的描述正确的有＿＿＿＿＿＿。

    A. 页眉、页脚不可同时出现

    B. 页眉、页脚的字体、字号为固定值,不能够修改

    C. 页眉默认居中,页脚默认左齐,也可改变它们的对齐方式

    D. 用鼠标双击页眉、页脚后可对其进行修改

6. 在 Word 表格中能够完成的操作有＿＿＿＿＿＿。

    A. 设置表线宽度   B. 插入行

    C. 插入列   D. 合并单元格

7. 在 Word 中,下列描述正确的是＿＿＿＿＿＿＿＿。

   A. 可改变文字的字体字号

   B. 在同一行中文字的字体必须相同

   C. 按住鼠标左键不放,拖动鼠标可选中要操作的内容

   D. 可在文档中插入图片

8. 在 Word 中建立表格的方法有＿＿＿＿＿＿＿＿。

   A. 利用"插入/表格/快速表格"来插入表格

   B. 利用"插入/表格/插入表格"来插入表格

   C. 利用"插入/表格/绘制表格"来插入表格

   D. 将文字转换成表格

9. Word 的标尺上可以进行＿＿＿＿＿＿＿＿操作。

   A. 首行缩进　　　　　B. 设置左边距　　　　　C. 分栏　　　　　D. 改变字间距

10. 下列有关 Word 的叙述,正确的是＿＿＿＿＿＿＿＿。

   A. 在文档输入时,凡是已经显示在屏幕上的内容,都已保存在磁盘上

   B. 用粘贴操作将剪切板中的内容粘贴到文档中后,剪切板中的内容将不再存在

   C. 用剪切、复制和粘贴操作,可以在多个文档中对选定对象进行移动或复制

   D. 剪切板只可以保存一个剪切或复制操作的内容

11. Word 中的表格处理,具有＿＿＿＿＿＿＿＿的功能。

   A. 自动计算　　　　　　　　　　B. 排序

   C. 记录筛选　　　　　　　　　　D. 与文本互相转换

12. 在 Word 中,下列叙述正确的是＿＿＿＿＿＿＿＿。

   A. 只能编辑由 Word 产生的文档

   B. 能编辑高级语言源程序

   C. 可以按文档或文本格式保存文件

   D. 使用"插入/图片"命令可将某个 BMP 格式的图形文件插到文档中

13. 在 Word 中,下列有关页边距的说法,正确的是＿＿＿＿＿＿＿＿。

   A. 设置页边距影响原有的段落缩进

   B. 页边距的设置只影响当前页或选定文字所在的页

   C. 用户可以同时设置左、右、上、下页边距

   D. 用户可以使用标尺来调整页边距

14. Word 中有多种视图,它们是＿＿＿＿＿＿＿＿。

   A. 页面视图　　　　　B. 大纲视图　　　　　C. 全屏显示　　　　　D. 打印预览

15. Word 中可以将文档排成分栏版式,决定分栏版式的因素主要有＿＿＿＿＿＿＿＿＿＿。

    A. 栏间是否设置了间隔线   B. 行间距

    C. 栏数   D. 字间距

16. 在 Word 中给文档加入页码,可以采用＿＿＿＿＿＿＿＿＿＿。

    A. 在每页的最后一行上键入该页页码

    B. 在"插入"选项卡"页脚"命令中进行设置

    C. 在"插入"选项卡"脚注和尾注"对话框中进行设置

    D. 在"插入"选项卡"页码"命令选项中进行设置

17. Word 中使文档首行缩进一段距离,可采用＿＿＿＿＿＿＿＿＿＿方法。

    A. 用鼠标拖动水平标尺栏左端下方的三角块到合适的位置

    B. 用鼠标拖动水平标尺栏左端上方的三角块到合适的位置

    C. 直接在首字符前插入多个空格键,直到满意为止

    D. 可从"格式"菜单中选择"段落"命令,在"段落"对话框中设置首行缩进距离

18. 在 Word 中,关于"宏"的正确描述是＿＿＿＿＿＿＿＿＿＿。

    A. 是一种专用程序,可以建立但不可以修改

    B. 执行宏就是顺序执行它所包含的全部操作

    C. 录制宏的过程不能使用鼠标

    D. 录制宏的过程中,鼠标在文档编辑区、菜单栏、工具栏滚动条上均可使用

19. 在 Word 的大纲视图中,选定一段正文的方法有＿＿＿＿＿＿＿＿＿＿。

    A. 单击段落左边的选定栏(空白区域)

    B. 双击标题栏左边的选定栏(空白区域)

    C. 左键单击旁边的空白正方形符号

    D. 右键单击旁边的空白正方形符号

20. 在 Word 中,下列有关表格排序的说法正确的有＿＿＿＿＿＿＿＿＿＿。

    A. 字母和数字都可以作为排序依据

    B. 排序规则有升序和降序

    C. 笔画和拼音不能作为排序的依据

    D. 只有数字类型可以作为排序依据

21. 在 Word 中,工作窗口＿＿＿＿＿＿＿＿＿＿。

    A. 可以改变尺寸   B. 不可移动最大化的窗口

    C. 可以同时激活两个窗口   D. 只能在激活窗口中输入文字

22. Word 文档中,要将一部分内容复制到文中的另一位置,应进行下列操作中的哪几项? ____

　　A. 复制　　　　　　B. 选择文本块　　　　C. 查找　　　　　D. 粘贴

23. Word 文档中,要想选定全文内容,下列操作中哪些操作可以实现? ____

　　A. 按"Ctrl + A"组合键

　　B. 在文档左侧用鼠标连续三次单击

　　C. 鼠标单击"编辑"选项组→"选择"按钮→"全选"命令

　　D. 将光标移至文首,在文尾按 Shift + 鼠标单击

24. 关闭当前的 Word 文档可采用下列哪些办法? ____

　　A. 鼠标单击当前窗口右上角的"×"按钮　　　B. 按"Ctrl + S"键

　　C. 鼠标单击"文件/关闭"　　　　　　　　　D. 按"Alt + F4"键

25. Word 文档中,要将其中一部分内容移动到文中的另一位置,应进行下列操作中的哪几项? ____

　　A. 剪切　　　　　　B. 选择文本块　　　　C. 粘贴　　　　　D. 复制

26. 下列各种功能中,Word 可以实现的表格功能是____。

　　A. 可以在 Word 文档中插入 Excel 电子表格

　　B. 可以在单元格中插入图形

　　C. 填入公式后,若表格数值改变,可以自动重新计算结果

　　D. 可以将一个表格拆分成两个或多个表格

27. 可以关闭 Word 文档的操作是____。

　　A. 双击标题栏左边的控制菜单图标

　　B. 单击标题栏右边的关闭按钮"×"

　　C. 在"文件"菜单中选择"关闭"

　　D. 在"文件"菜单中选择"退出"

28. 打开 Word 文档的方法有____。

　　A. 在 Word 窗口中单击"文件"菜单中的"打开"命令

　　B. 在 Word 窗口中单击"常用"工具栏上的"打开"按钮

　　C. 在 Windows 7 的资源管理器中双击 Word 文档名

　　D. 在 Word 窗口中按"Ctrl + O"组合键

29. 在 Word 中,可将表格线变为实线的操作是____。

　　A. 通过插入表格命令生成的表格,默认是实线

　　B. 使用右键快捷菜单中的"边框和底纹"命令

C. 使用"表格"菜单中的"表格属性"命令

D. 使用"段落"选项组→"下框线"右侧箭头按钮→"边框和底纹"命令

30. 下列各项可以通过"视图"菜单下的命令进行设置的有_____。

A. 拆分窗口 　　　　　　　　　　B. 显示导航窗格

C. 设置纸张大小 　　　　　　　　D. 设置段落格式

31. 下列属于 Word 2010 窗口组成部分的是_____。

A. 标题栏 　　　　　　　　　　　B. 菜单栏

C. 文本编辑区 　　　　　　　　　D. 工具栏

32. 选定整个文档的正确方法有_____。

A. 鼠标指针指向左侧的选定区,三击左键

B. 鼠标指针指向左侧的选定区,双击左键

C. 鼠标指针指向文档的任意位置,三击左键

D. 按"Ctrl + A"组合键

33. 下面关于嵌入和链接的叙述,正确的是_____。

A. 嵌入的对象与原对象没有任何联系,链接的对象跟随原对象变化

B. 链接的对象与原对象没有任何联系,嵌入的对象跟随原对象变化

C. 链接的对象不随文档一起存档,从而减少存储空间占用

D. 嵌入的对象不随文档一起存档,从而减少存储空间占用

34. 在表格中的某一个单元格内输入文字后,要将插入点移到下一个单元格中,可以_____。

A. 鼠标单击下一个单元格 　　　　B. 按 Tab 键

C. 按"Shift + Tab" 　　　　　　　D. 按向右的箭头键

35. 在 Word 文档的段落格式设置时,可以进行的水平对齐有_____。

A. 居中对齐 　　　　　　　　　　B. 两端对齐

C. 分散对齐 　　　　　　　　　　D. 右对齐

36. 下列说法正确的是_____。

A. 在文档中绘制自选图形

B. Word 不允许在文本框中插入图形

C. Word 允许创建表格,但不允许粘贴表格

D. 在"普通视图"的显示方式下,不能看到文档中插入的页眉和页脚

37. 要删除文档中选定的内容,可以_____。

A. 按 Delete 键 　　　　　　　　B. 单击"开始"选项卡中的"清除"命令

C. 按 Backspace 键 　　　　　　　D. 单击"开始"选项卡中的"撤销"命令

38. 下列叙述正确的是_____。

    A. 进行打印预览时必须开启打印机

    B. 使用"文件"菜单中的"打开"命令可以打开一个已存在的. docx 文件

    C. Word 2010 可将正在编辑的文档另存为一个纯文本(. txt)文件

    D. Word 2010 允许同时打开多个文件

39. 如果文档中已有页眉和页脚内容,要想编辑页眉和页脚,可以_____。

    A. 双击"开始"选项卡

    B. 单击"插入"选项卡中的"页眉"和"页脚"命令

    C. 双击页眉或页脚区

    D. 双击文本区

40. 在已有表格右侧增加一列的正确操作是_____。

    A. 选定整个表格,再依次从菜单中选择"表格""插入""列(在右侧)"命令

    B. 单击表格最右列中任意一个单元格,再依次从菜单中选择"表格""插入""列(在右侧)"命令

    C. 选定表格的最右列,再依次从菜单中选择"表格""插入""列(在右侧)"命令

    D. 将光标移到表格底行的右侧,按 Tab 键

41. 对 Word 文档表格中的数据可以进行的操作有_____。

    A. 筛选   B. 排序   C. 求和   D. 求平均值

42. 为了一次性把表格和表格中的内容全部删除,在选定整个表格的情况下,下一步的正确操作是_____。

    A. 按 Backspace 键

    B. 按 Delete 键

    C. 选择"表格工具 | 布局"→"删除"→"删除表格"命令

    D. 选择"编辑"/"清除"命令

43. 只想打印文档中的某一页,正确的操作命令是_____。

    A. 将插入点移到要打印的页,单击常用工具栏上的"打印"按钮

    B. 在打印预览状态下,单击"打印"命令

    C. 将插入点移到要打印的页,使用"文件"菜单中的"打印"命令

    D. 不移动插入点,使用"文件"菜单中的"打印"命令

44. 在 Word 2010 中插入艺术字后,通过绘图工具可以进行的操作是_____。

    A. 删除背景   B. 修改艺术字样式

    C. 修改文本   D. 修改排列

45. Word 的主要版本包括_____。

    A. Word 2003   B. Word 97

    C. Word 2007   D. Word 2010

46. Word 的主要功能有_____。

    A. 排版功能   B. 支持不同格式文件

    C. 表格制作   D. 文书编辑

47. Word 提供了哪几种视图方式?_____

    A. 普通视图   B. Web 版式视图

    C. 页面视图   D. 大纲视图

48. Word 中的排版主要指_____。

    A. 字符格式化   B. 段落格式化

    C. 页面格式化   D. 表格格式化

49. Word 中可以用的对齐方式有_____。

    A. 两端对齐   B. 居中对齐   C. 右对齐   D. 合并居中

50. 插入新列时,可以在选择列的_____插入。

    A. 左侧   B. 右侧   C. 上方   D. 下方

三、填空题

1. 在 Word 2010 中,想对文档进行字数统计,可以通过_____(2 个汉字)功能区来实现。

2. 在 Word 中按 Ctrl +_____(3 个英文字母)键可以把插入点移到文档尾部。

3. 在对新建的文档进行编辑操作时,若要将文档存盘,应当选用"文件"菜单中的_____(2 个汉字)命令。

4. 在 Word 中输入文本时,按 Enter 键后将产生_____(4 个汉字)符。

5. 通常 Word 文档文件的扩展名是_____。

6. 如果已有一个 Word 文件 A.docx,打开该文件并经过编辑修改后,希望以 B.docx 为名存储修改后的文档而不覆盖 A.docx,则应当从_____(2 个汉字)选项卡中选择"另存为"命令。

7. 在 Word 中,如果一个文档的内容超过了窗口的范围,那么在打开这个文档时,窗口的右边(或下边)会出现一个_____(3 个汉字)。

8. Word 中,用户在用"Ctrl + C"组合键将所选内容复制至剪贴板后,可以使用_____组合键将其粘贴到所需要的位置。

9. 在 Word 中，用户可以使用_____组合键选择整个文档的内容，然后对其进行剪贴或复制等操作。

10. 在 Word 中，要查看文档的统计信息(如页数、段落数、字数、字节数等)和一般信息，可以选择"校对"选项组的_____(4 个汉字)按钮。

11. 在 Word 环境下，"剪贴板"选项组中的剪刀图形代表_____(2 个汉字)功能。

12. Word 模板文件的扩展名是_____。

13. 在 Word 环境下，删除文本可使用 Delete 键或_____键。

四、判断题

1. 在 Word 环境下，可以在编辑文件的同时打印另一份文件。　　　　　　　　(　　)

2. Word 文档窗口"关闭"和"退出"菜单的作用是一样的。　　　　　　　　(　　)

3. 在 Word 中，绘制的多个图形可以组合成为一个整体图形。　　　　　　　(　　)

4. 在 Word 中，当按住垂直滚动条进行拖动时，会显示相应页码提示。　　　(　　)

5. 在 Word 环境下，文档中的字间距是固定的。　　　　　　　　　　　　(　　)

6. Word 进行打印预览时，只能一页一页地看。　　　　　　　　　　　　(　　)

7. 在 Word 环境下，文档中段与段之间的距离是固定的，不能调整。　　　　(　　)

8. Word 可以将图表、艺术字以及声音等其他信息插入在文本之中。　　　　(　　)

9. 在 Word 下进行列块选择的步骤是：先将光标定位到需要选择的行列的首位置，然后找到需要选择的行列的尾位置，按住 Alt + Shift 后单击鼠标左键。　　　　(　　)

10. 在 Word 中剪贴板上只能存放最后一次剪贴的内容。　　　　　　　　　(　　)

11. 在 Word 环境下，用户大部分时间可能工作在普通视图模式下，因为在该模式下用户看到的文档与打印出来的文档完全一样。　　　　　　　　　　　　(　　)

12. 在 Word 环境下，如果想移动或复制一段文字必须通过剪贴板。　　　　(　　)

13. Word 中任何时候对所编辑的文档存盘，Word 都会显示"另存为"对话框。(　　)

14. 在 Word 表格中，如果表格边框不显示，表格就不存在了。　　　　　　(　　)

15. 在 Word 中，自动保存的时间间隔是固定的，不可修改。　　　　　　　(　　)

16. 在 Word 中，设置字符格式的方法多种多样，可以通过菜单，也可以通过工具栏。(　　)

17. 在 Word 环境下，要将文档按右对齐格式排版，必须在输入时插入许多空格。(　　)

18. 在 Word 中，将绘制的多个图形组合后，就不能再分开了。　　　　　　(　　)

19. 在 Word 中，文本框一旦建立，就不能删除。　　　　　　　　　　　(　　)

20. Word 中文件的打印只能全文打印，不能有选择打印。　　　　　　　　(　　)

参考答案

一、单项选择题

1. D	2. C	3. A	4. D	5. D	6. B	7. C	8. B	9. D	10. C
11. A	12. C	13. D	14. C	15. B	16. B	17. B	18. C	19. C	20. C
21. A	22. B	23. B	24. C	25. B	26. C	27. B	28. D	29. A	30. C
31. B	32. B	33. B	34. C	35. D	36. C	37. A	38. D	39. D	40. D
41. D	42. C	43. B	44. D	45. D	46. A	47. C	48. B	49. A	50. C
51. C	52. A	53. A	54. C	55. A	56. B	57. A	58. C	59. A	60. A
61. D	62. C	63. C	64. C	65. D	66. A	67. C	68. D	69. C	70. B
71. C	72. C	73. D	74. D	75. D	76. C	77. B	78. D	79. B	80. B
81. C	82. B	83. B	84. D	85. B	86. D	87. D	88. A	89. A	90. C
91. D	92. B	93. A	94. C	95. B	96. D	97. D	98. A	99. B	100. C

二、多项选择题

1. BCD	2. BD	3. BC	4. ABCD	5. CD	6. ABCD	7. ACD	8. ABCD
9. AB	10. CD	11. BD	12. BC	13. CD	14. AB	15. AC	16. BD
17. BD	18. AB	19. AC	20. AB	21. ABD	22. ABD	23. ABCD	24. ACD
25. ABC	26. ABD	27. ABC	28. ABCD	29. ABD	30. AB	31. ACD	32. AD
33. AC	34. ABD	35. ABCD	36. AD	37. AC	38. BCD	39. BC	40. BC
41. BCD	42. AC	43. CD	44. ABCD	45. ABCD	46. ABCD	47. ABCD	48. ABC
49. ABC	50. AB						

三、填空题

1. 工具	2. End	3. 保存	4. 段落标记	5. docx
6. 文件	7. 滚动条	8. Ctrl + V	9. Ctrl + A	10. 字数统计
11. 剪切	12. Dotx	13. Backspace		

四、判断题

1. √	2. √	3. √	4. √	5. ×	6. ×	7. ×	8. ×
9. ×	10. ×	11. ×	12. ×	13. ×	14. ×	15. ×	16. √
17. ×	18. ×	19. ×	20. ×				

Excel 2010 基础应用习题

一、单项选择题

1. Excel 2010 中的工作簿是指_____。

    A. 一本书　　　　　　　　　　　　B. 一种记录方式

    C. Excel 2010 文档　　　　　　　　 D. Excel 的归档方法

2. 在 Excel 2010 中,活动工作表_____。

    A. 没有　　　　　　　　　　　　　B. 有 3 个

    C. 只有 1 个　　　　　　　　　　　D. 可以多于 1 个

3. 工作表的单元格中_____。

    A. 只能包含数字　　　　　　　　　B. 可以是数字、字符、公式等

    C. 只能包含文字　　　　　　　　　D. 以上都不是

4. 当向 Excel 2010 工作表单元格输入公式时,使用单元格地址 D $2 引用 D 列 2 行单元格,该单元格的引用称为_____。

    A. 交叉地址引用　　　　　　　　　B. 混合地址引用

    C. 相对地址引用　　　　　　　　　D. 绝对地址引用

5. Excel 2010 中表格的宽度和高度_____。

    A. 都是固定不可改变的　　　　　　B. 只能改变列宽,行的高度不可改变

    C. 只能改变行的高度,列宽不可改变　D. 既能改变行的高度,又能改变列的宽度

6. 在 Excel 2010 工作表单元格中,下列表达式输入错误的是_____。

    A. ＝(15 − A1)/3　　　　　　　　B. ＝A2/C1

    C. SUM(A2:A4)/2　　　　　　　 D. ＝A2 + A3 + D4

7. 在 Excel 2010 中,如要设置单元格中的数据格式,则应使用_____。

    A. "公式"选项卡　　　　　　　　　B. "数字"选项组中的对话框启动器按钮

    C. "数据"选项卡　　　　　　　　　D. "字体"选项组中的对话框启动器按钮

8. 向单元格输入内容后,默认情况下_____。

  A. 全部都是左对齐   B. 数字、日期右对齐

  C. 随机   D. 居中

9. 表中具有相同内容的快捷输入方法:首先按下"Ctrl"键选择单元格,然后输入数据,最后按_____键结束操作。

  A. Ctrl + Enter   B. Alt + Enter

  C. Shift + Enter   D. Enter

10. 在 Excel 2010 中,输入当天的日期可按组合键_____。

  A. Shift + ;   B. Ctrl + ;

  C. Shift + :   D. Ctrl + Shift

11. Excel 2010 选择工作表的方法是_____。

  A. 移动工作表标签   B. 拖动工作表标签

  C. 双击工作表标签   D. 单击工作表标签

12. _____不是 Excel 2010 中的函数种类。

  A. 日期和时间   B. 统计

  C. 财务   D. 图

13. 在 Excel 2010 工作表中,不正确的单元格地址是_____。

  A. C $ 66   B. C6 $ 6   C. $ C66   D. $ C $ 66

14. Excel 2010 能对多达_____不同的字段进行排序。

  A. 2 个   B. 3 个   C. 4 个   D. 5 个

15. 在 Excel 2010 工作表中,正确的 Excel 公式形式为_____。

  A. = B3 * Sheet 3% A2   B. = B3 * Sheet 3 $ A2

  C. = B3 * Sheet 3 : A2   D. = B3 * Sheet 3 ! A2

16. 清单中的列被认为是数据库的_____。

  A. 字段   B. 字段名   C. 标题行   D. 记录

17. 记录单右上角显示的"$\frac{5}{10}$"表示清单_____。

  A. 等于 0.5   B. 共有 10 条记录,现在显示的是第 5 条记录

  C. 是 5 月 10 日的记录   D. 是 10 月 5 日的记录

18. 对某列作升序排序时,该列上有完全相同项的行将_____。

  A. 保持原始次序   B. 逆序排列

  C. 重新排序   D. 排在最后

19. 在降序排序中,在排序列中有空白单元格的行会被_____。

    A. 放置在排序的数据清单最后　　　　　B. 放置在排序的数据清单最前

    C. 不被排序　　　　　　　　　　　　　D. 保持原始次序

20. 选取"自动筛选"命令后,在清单上的_____出现了下拉式按钮图标。

    A. 字段名处　　　　　　　　　　　　　B. 所有单元格内

    C. 空白单元格内　　　　　　　　　　　D. 底部

21. 在升序排序中,在排序列中有空白单元格的行会被_____。

    A. 放置在排序的数据清单最后　　　　　B. 放置在排序的数据清单最前

    C. 不被排序　　　　　　　　　　　　　D. 保持原始次序

22. 一个工作簿,最多可以含有_____张工作表。

    A. 3　　　　　　　B. 16　　　　　　　C. 127　　　　　　D. 255

23. Excel 2010 工作簿文件的扩展名为_____。

    A. docx　　　　　B. txt　　　　　　C. xlsx　　　　　D. pptx

24. Excel 2010 工作表可以进行智能填充时,鼠标的形状为_____。

    A. 实心粗十字　　　　　　　　　　　　B. 向左上方箭头

    C. 向右上方箭头　　　　　　　　　　　D. 实心细十字

25. Excel 2010 工作表中,在某单元格内输入数字"123",不正确的输入形式是_____。

    A. ＊123　　　　　B. ＝123　　　　　C. ＋123　　　　　D. 123

26. Excel 2010 中,一行与一列相交构成一个_____。

    A. 窗口　　　　　B. 单元格　　　　　C. 区域　　　　　D. 工作表

27. 要在一个单元格中输入数据,这个单元格必须是_____。

    A. 空的　　　　　　　　　　　　　　　B. 被定义为数据类型

    C. 当前单元格　　　　　　　　　　　　D. 行首单元格

28. 以下哪一项可以作为有效的数字输入到工作表中?_____

    A. 4.83　　　　　B. 5%　　　　　　C. ￥53　　　　　D. 以上所有都是

29. 在一个单元格里输入"AB"两个字符,在默认情况下,是按_____格式对齐。

    A. 左对齐　　　　　B. 右对齐　　　　　C. 居中　　　　　D. 分散对齐

30. 在 Excel 2010 单元格内输入计算公式时,应在表达式前加一前缀字符_____。

    A. 左圆括号"("　　　　　　　　　　　B. 等号"＝"

    C. 美元号"＄"　　　　　　　　　　　D. 单撇号"'"

31. 在单元格中输入数字字符串"100080"(邮政编码)时,应输入_____。

    A. 100080　　　　　B. ″100080　　　　　C. ′100080　　　　　D. 100080′

32. 在 Excel 2010 工作表中,已输入的数据如下所示:

	A	B	C	D	E
1	10	2	10%	=＄A＄1＊C1
2	20	4	20%	

如将 D1 单元格中的公式复制到 D2 单元格中,则 D2 单元格的值为_____。

A.＃＃＃＃   B. 2   C. 4   D. 1

33. 在 Excel 2010 工作簿中,有关移动和复制工作表的说法正确的是_____。

A. 工作表只能在所在工作簿内移动,不能复制

B. 工作表只能在所在工作簿内复制,不能移动

C. 工作表可以移动到其他工作簿内,不能复制到其他工作簿内

D. 工作表可以移动到其他工作簿内,也可复制到其他工作簿内

34. 在 Excel 2010 工作表中,单元格 D5 中有公式"=＄B＄2+C4",删除第 A 列后 C5 单元格中的公式为_____。

A. =＄A＄2+B4   B. =＄B＄2+B4

C. =＄A＄2+C4   D. =＄B＄2+C4

35. 在 Excel 2010 工作表中,第 11 行第 14 列单元格地址可表示为_____。

A. M10   B. N10   C. M11   D. N11

36. 在 Excel 2010 工作表中,在某单元格的编辑区输入"(8)",单元格内将显示_____。

A. -8   B.(8)   C. 8   D. +8

37. 在 Excel 2010 工作表中,单击某有数据的单元格,当鼠标为向左方空心箭头时,仅拖动鼠标可完成的操作是_____。

A. 复制单元格内数据   B. 删除单元格内数据

C. 移动单元格内数据   D. 不能完成任何操作

38. 在 Excel 2010 工作表中,给当前单元格输入数值型数据时,默认为_____。

A. 居中   B. 左对齐   C. 右对齐   D. 随机

39. Excel 2010 的主要功能是_____。

A. 文字处理   B. 数据处理   C. 资源管理   D. 演示文稿管理

40. 已知工作表"商品库"中单元格 F5 中的数据为工作表"月出库"中单元格 D5 与工作表"商品库"中单元格 G5 数据之和,若该单元格的引用为相对引用,则 F5 中的公式是_____。

A. =月出库!＄D＄5+＄G＄5   B. =＄D＄5+＄G＄5

C. =D5+商品库!G5   D. =月出库!D5+G5

二、多项选择题

1. 退出 Excel 2010 应用程序,可以_____。

    A. 双击标题栏左侧的"控制菜单"图标   B. 同时按 Alt 和 F4 键

    C. 单击标题栏右端的"×"按钮   D. 单击"文件"→"退出"命令

2. 在 Excel 2010 中,可以对表格中的数据进行_____等统计处理。

    A. 求和   B. 汇总   C. 排序   D. 索引

3. 下列哪些是单元格格式?_____

    A. 边框格式   B. 调整列宽   C. 图案格式   D. 保护格式

4. 在 Excel 2010 中,修改已输入在单元格中的数据,可_____。

    A. 双击单元格   B. 按 F2 键   C. 按 F3 键   D. 单击编辑栏

5. 关于已经建立好的图表,下列说法正确的是_____。

    A. 图表是一种特殊类型的工作表   B. 图表中的数据是可以编辑的

    C. 图表可以复制和删除   D. 图表中各项是一体的,不可分开编辑

6. 在 Excel 2010 中,粘贴原单元格的所有内容包括_____。

    A. 公式   B. 数值   C. 格式   D. 批注

7. 下面关于工作表命名的说法,正确的有_____。

    A. 在一个工作簿中不可能存在两个完全同名的工作表

    B. 工作表可以定义成任何字符、任何长度的名字

    C. 工作表的名字只能以字母开头,且最多不超过 32 字节

    D. 工作表命名后还可以修改,复制的工作表将自动在后面加上数字以示区别

8. 下面关于工作表移动或复制的说法,正确的是_____。

    A. 工作表不能移到其他工作簿中去,只能在本工作簿内进行

    B. 工作表的复制是完全复制,包括数据和排版格式

    C. 工作表的移动或复制不限于本工作簿,可以跨工作簿进行

    D. 工作表的移动是指移动到不同的工作簿中去,在本工作簿无此概念

9. 对于 Excel 2010 工作表的安全性叙述,下列说法正确的是_____。

    A. 可以将一个工作簿中某一张工作表保护起来

    B. 可以将某些单元格保护起来

    C. 可以将某些单元格隐藏起来

    D. 工作表也有打开权和修改权的双重保护

10. 记录单的作用有_____。

    A. 查询记录   B. 修改或删除

C. 创建新记录　　　　　　　　　　　　D. 将查询结果输出到另一张表中

11. 在 Excel 中加入数据至所规定的数据库内的方法可以是_____。

　　A. 直接键入数据至单元格内　　　　　B. 利用"记录单"输入数据

　　C. 插入对象　　　　　　　　　　　　D. 数据透视表

12. 下列关于 Excel 的叙述中,不正确的是_____。

　　A. Excel 将工作簿的每一张工作表分别作为一个文件夹保存

　　B. Excel 允许一个工作簿中包含多个工作表

　　C. Excel 的图表不一定与生成该图表的有关数据处于同一张工作表上

　　D. Excel 工作表的名称由文件名决定

13. 在 Excel 中,公式 SUM(B1:B4)等价于_____。

　　A. SUM(A1:B4 B1:C4)　　　　　　　B. SUM(B1 + B4)

　　C. SUM(B1 + B2,B3 + B4)　　　　　D. SUM(B1,B4)

14. 在 Excel 中,复制单元格格式可采用_____。

　　A. 复制 + 粘贴　　　　　　　　　　　B. 复制 + 选择性粘贴

　　C. 复制 + 填充　　　　　　　　　　　D. "格式刷"工具

15. 向 Excel 2010 工作表的任一单元格输入内容,都必须确认后才认可。确认的方法是_____。

　　A. 双击该单元格　　　　　　　　　　B. 单击另一单元格

　　C. 按光标移动键　　　　　　　　　　D. 单击该单元格

16. 在 Excel 2010 中,下面_____是 Excel 常量。

　　A. TRUE　　　　　B. abcde　　　　　C. al　　　　　D. B1 * C2

17. 在 Excel 2010 中,按键盘中的_____组合键,可以打开"查找和替换"对话框。

　　A. Ctrl + F　　　　B. Ctrl + H　　　　C. Ctrl + Y　　　　D. Ctrl + P

18. 在 Excel 2010 中,下列_____属于公式中使用的统计函数。

　　A. MAX　　　　　B. AVERAGE　　　　C. COUNTA　　　　D. FLOOR

19. Excel 2010 中有许多内置的数字格式,当输入"56789"后,下列数字格式表述中,正确的是_____。

　　A. 设置常规格式时,可显示为"56789"

　　B. 设置使用千位分隔符的数值格式时,可显示为"56,789"

　　C. 设置使用千位分隔符的数值格式时,可显示为"56,789.00"

　　D. 设置使用千位分隔符的货币格式时,可显示为"＄56,789.00"

20. 在 Excel 2010 中,有关表格排序的叙述不正确的是_____。

　　A. 只有数字类型可以作为排序的依据　　B. 只有日期类型可以作为排序的依据

　　C. 笔画和拼音不能作为排序的依据　　　D. 排序规则有升序和降序

三、填空题

1. 用来将单元格 D6 与 E6 的内容相乘的公式是_____。

2. 将单元格 A2 与 C4 的内容相加,并对其和除以 4 的公式是_____。

3. 一个_____(2 个汉字)是工作表中的一组单元格。

4. 要输入数字型文本,所输入的数字以_____(3 个汉字)开头。

5. 要清除活动单元格中的内容,按_____键。

6. 在 Excel 2010 中新增"迷你图"功能,可选定数据在某单元格中插入迷你图,同时打开_____功能区进行相应的设置。

7. 在 A1 单元格内输入"30001",然后按下"Ctrl"键,拖动该单元格填充柄至 A8,则 A8 单元格中内容是_____。

8. _____函数可用来查找一组数中的最大数。

9. 在 Excel 中输入数据时,如果输入数据具有某种内在规律,则可以利用它的_____功能。

10. 选定连续区域时,可用鼠标和_____键来实现。

11. 选定不连续区域时,可用鼠标和_____键来实现。

12. 选定整行,可将光标移到_____(2 个汉字)上,单击鼠标左键即可。

13. 选定整列,可将光标移到_____(2 个汉字)上,单击鼠标左键即可。

14. 选定整个工作表,单击边框左上角的_____(2 个汉字)按钮即可。

15. 若在单元格的右上角出现一个红色的小三角,说明该单元格加了_____(2 个汉字)。

16. 在 Excel 内部预置有_____类各式各样的图表类型。

17. 在 Excel 中,放置图表的方式有_____(2 个汉字)和_____(2 个汉字)两种。

18. 正在处理的工作表称为_____(2 个汉字)工作表。

19. 完整的单元格地址通常包括_____(4 个汉字)、工作表名、列标号和行标号。

20. 在 Excel 中,公式都是以" = "开始的,后面由_____、_____、_____和运算符构成。

四、判断题

1. 在 Word 中我们处理的是文档,在 Excel 中我们直接处理的对象称为工作簿。　　　　(　　　)

2. 工作表是指在 Excel 环境中用来存储和处理工作数据的文件。　　　　(　　　)

3. 正在处理的单元格称为活动的单元格。　　　　(　　　)

4. 在 Excel 中,公式都是以" = "开始的,后面由操作数和函数构成。　　　　(　　　)

5. 清除是指对选定的单元格和区域内的内容作清除操作。　　　　(　　　)

6. 删除是指将选定的单元格和单元格内的内容一并删除。　　　　(　　　)

7. 每个单元格内最多可以存放 256 个半角字符。　　　　(　　　)

8. 单元格引用位置基于工作表中的行号列标。 （ ）

9. 相对引用的含义是:把一个含有单元格地址引用的公式复制到一个新的位置或用一个
   公式填入一个选定范围时,公式中的单元格地址会根据情况而改变。 （ ）

10. 运算符用于指定对操作数或单元格引用数据执行何种运算。 （ ）

11. 如果要修改计算的顺序,可把公式中需首先计算的部分括在方括号内。 （ ）

12. 比较运算符可以比较两个数值并产生逻辑值 TRUE 或 FALSE。 （ ）

13. 在 Excel 2010 中,可同时将数据输入到多张工作表中。 （ ）

14. 选取不连续的单元格,需要用 Alt 键配合。 （ ）

15. 选取连续的单元格,需要用 Ctrl 键配合。 （ ）

参考答案

一、单项选择题

1. C	2. C	3. B	4. B	5. D	6. C	7. B	8. B
9. A	10. B	11. D	12. D	13. B	14. B	15. D	16. A
17. B	18. A	19. A	20. A	21. A	22. D	23. C	24. D
25. A	26. B	27. C	28. D	29. A	30. B	31. C	32. B
33. D	34. B	35. D	36. A	37. C	38. C	39. B	40. D

二、多项选择题

1. ABCD	2. ABC	3. ACD	4. ABD	5. ABC	6. ABCD	7. AD	8. BC
9. ABC	10. ABC	11. AB	12. BC	3. AC	14. ABD	15. BC	16. ABCD
17. AB	18. ABC	19. ACD	20. ABC				

三、填空题

1. = D6 * E6	2. = (A2 + C4)/4	3. 区域	4. 单引号	5. Del
6. 图表工具	7. 30008	8. MAX	9. 自动填充	10. Shift
11. Ctrl	12. 行号	13. 列号	14. 全选	15. 批注
16. 14	17. 嵌入 独立	18. 当前	19. 工作簿名	

20. 常量 函数 单元格引用

四、判断题

1. √	2. √	3. √	4. ×	5. √	6. √	7. ×	8. ×
9. √	10. √	11. ×	12. √	13. √	14. ×	15. ×	

PowerPoint 2010 练习题

一、单项选择题

1. PowerPoint 2010 文件的扩展名是_____。

    A. docx　　　　　　B. txt　　　　　　C. xlsx　　　　　　D. pptx

2. PowerPoint 中哪种视图模式用于查看幻灯片的播放效果？_____

    A. 幻灯片模式　　　　　　　　　　B. 幻灯片浏览模式

    C. 幻灯片放映模式　　　　　　　　D. 大纲模式

3. 在 PowerPoint 2010 中，用文本框工具在幻灯片中添加图片操作后，何种表示可添加文本？_____

    A. 状态栏出现可输入字样　　　　　B. 在文本框中会出现一个闪烁的插入点

    C. 主程序发出音乐提示　　　　　　D. 文本框变成高亮度

4. PowerPoint 2010 中选择幻灯片中的文本时，表示文本选择已经成功的标志是_____

    A. 所选幻灯片中的文本变成反色显示　　B. 文本字体发生明显改变

    C. 状态栏中出现"成功"的字样　　　　　D. 所选的文本闪速提示

5. 在 PowerPoint 2010 中，不能完成对个别幻灯片进行设计或修改的对话框是_____。

    A. 幻灯片版式　　　　　　　　　　B. 背景

    C. 应用设计模板　　　　　　　　　D. 配色方案

6. PowerPoint 2010 中选择幻灯片中的文本时，文本区尺寸控制点是指_____。

    A. 文本的起始位置　　　　　　　　B. 文本框四周的 8 个控制点

    C. 文本的起始位置和结束位置　　　D. 文本的结束位置

7. 在 PowerPoint 2010 中，一张空白的幻灯片不可以直接插入_____。

    A. 艺术字　　　　　B. 文本框　　　　　C. Word 表格　　　　　D. 文字

8. 关闭 PowerPoint 2010 的正确操作应该是_____。

    A. Ctrl + Alt + Del

    B. 关闭显示器

C. 单击 PowerPoint 2010 标题栏右上角的"×"按钮

D. 关闭主机电源

9. 在以下_____中,不能进行文字编辑与格式化。

    A. 幻灯片视图　　　　　　　　　　B. 大纲视图

    C. 幻灯片浏览视图　　　　　　　　D. 普通视图

10. 在 PowerPoint 2010 中,以下操作不可删除幻灯片的是_____。

    A. 选择要删除的幻灯片,单击"文件"→"幻灯片"

    B. 在幻灯片视图下,右击要删除的幻灯片,选择"删除幻灯片"命令

    C. 在普通视图下,选中要删除的幻灯片,按 Delete

    D. 在幻灯片浏览视图下,选中要删除的幻灯片,按 Delete

11. 在大纲视图窗格中输入演示文稿的标题时,可以_____,在幻灯片的大标题后面输入小标题。

    A. 单击工具栏中的升级按钮　　　　B. 单击工具栏中的降级按钮

    C. 单击工具栏中的上移按钮　　　　D. 单击工具栏中的下移按钮

12. 在 PowerPoint 2010 中,对于已创建的多媒体演示文稿可以用_____命令打包,就可以到其他未安装 PowerPoint 2010 的机器上放映。

    A. 幻灯片放映　　　B. 保存并发送　　　C. 文件　　　　　　D. 复制

13. 在 PowerPoint 2010 中,若要插入自选图形,从_____选项卡开始操作。

    A. 设计　　　　　　B. 插入　　　　　　C. 视图　　　　　　D. 切换

14. 在 PowerPoint 2010 中,幻灯片内动画效果可通过_____命令来设置。

    A. 自定义动画　　　B. 幻灯片切换　　　C. 动作设置　　　　D. 动画预览

15. PowerPoint 中创建表格时,从"插入"选项卡中选择_____。

    A. 表格　　　　　　B. 对象　　　　　　C. 影片与声音　　　D. 图标

16. 下面的选项中,不属于 PowerPoint 2010 的窗口部分的是_____。

    A. 备注窗格　　　　B. 播放窗格　　　　C. 幻灯片窗格　　　D. 大纲窗格

17. 在 PowerPoint 2010 中,可以对幻灯片进行移动、删除、添加、复制、设置动画效果,但不能对个别幻灯片内容进行编辑的视图是_____。

    A. 普通视图　　　　　　　　　　　B. 幻灯片浏览视图

    C. 幻灯片放映视图　　　　　　　　D. 大纲视图

18. 在 PowerPoint 2010 中,采用"另存为"命令,不能将文件保存为_____。

    A. PowerPoint 2010 放映(*.pptx)　　B. Web 页(*.htm)

    C. 文本文件(*.txt)　　　　　　　　D. 大纲/rtf 文件(*.rtf)

19. PowerPoint 2010 中的幻灯片可以_____。

　　A. 在投影仪上放映　　　　　　　　　B. 在计算机屏幕上放映

　　C. 打印成幻灯片使用　　　　　　　　D. 以上三种均可以完成

20. PowerPoint 2010 的演示文稿具有幻灯片、幻灯片浏览、大纲、幻灯片放映和_____ 5 种视图。

　　A. 联机版式　　　　B. 页面　　　　　C. 备注　　　　　D. 普通

21. 在 PowerPoint 2010 中,新建文件的默认名称是_____。

　　A. 演示文稿1　　　B. SHEET1　　　　C. DOC1　　　　D. BOOK1

22. 在 PowerPoint 2010 窗口中制作幻灯片时,需要使用"绘图"工具,使用_____选项卡中的命令可以绘制图形。

　　A. 窗口　　　　　　B. 插入　　　　　C. 格式　　　　　D. 视图

23. PowerPoint 2010 允许设置幻灯片的方向,使用_____对话框完成此设置。

　　A. 选项　　　　　　B. 页面设置　　　C. 自定义　　　　D. 版式

24. 在"幻灯片浏览视图"模式下,不允许进行的操作是_____。

　　A. 幻灯片移动和复制　　　　　　　　B. 幻灯片切换

　　C. 幻灯片删除　　　　　　　　　　　D. 设置动画效果

25. 幻灯片中母版文本格式的改动_____。

　　A. 会影响设计模板　　　　　　　　　B. 不影响标题母版

　　C. 会影响标题母版　　　　　　　　　D. 不会影响幻灯片

26. 作者名字出现在所有的幻灯片中,应将其加入到_____中。

　　A. 幻灯片母版　　　B. 标题母版　　　C. 备注母版　　　D. 讲义母版

27. 绘制图形时按_____键,图形为正方形。

　　A. Shift　　　　　　B. Ctrl　　　　　C. Delete　　　　D. Alt

28. 改变对象大小,按下"Shift"时出现的结果是_____。

　　A. 以图形对象的中心为基点进行缩放　B. 按图形对象的比例改变图形的大小

　　C. 只有图形对象的高度发生变化　　　D. 只有图形对象的宽度发生变化

29. 不能显示和编辑备注内容的视图模式是_____。

　　A. 普通视图　　　　　　　　　　　　B. 大纲视图

　　C. 幻灯片视图　　　　　　　　　　　D. 备注页视图

30. 新建一个演示文稿时第一张幻灯片的默认版式是_____。

　　A. 项目清单　　　　　　　　　　　　B. 两栏文本

　　C. 标题幻灯片　　　　　　　　　　　D. 空白

二、多项选择题

1. 在 PowerPoint 2010 中，要在幻灯片非占位符上空白处增加一段文本，可以_____。

    A. 单击"插入"选项卡中的文本框按钮   B. 单击"绘图"工具栏的文本框工具

    C. 直接输入   D. 先单击目标位置，再输入文本

2. 在 PowerPoint 2010 中，哪些命令不能实现幻灯片中对象的动画效果？_____

    A. "动画"选项卡中的自定义动画   B. "动画"选项卡中的预设动画

    C. 幻灯片放映中的动作设置   D. 幻灯片放映中的动作按钮

3. 下列对象中，可以在 PowerPoint 2010 中插入的有哪些？_____

    A. Excel 图表   B. 电影和声音   C. Flash 动画   D. 组织结构图

4. 在 PowerPoint 2010 中，要切换到幻灯片母版中，如何操作？_____

    A. 选择"视图"选项卡，再选择"幻灯片母版"按钮

    B. 按住 Shift 键的同时单击"普通视图"按钮

    C. 按住 Ctrl 键的同时单击"幻灯片视图"按钮

    D. 按住 Tab 键的同时单击"幻灯片视图"按钮

5. 幻灯片中包含多个标题文字，其中一个标题内容很重要，希望突出显示。怎样设置动画，使其能自动改变颜色为红色？_____

    A. 单独设置该标题文字的进入动画，并在"效果选项"中设置"动画播放后"的颜色为红色

    B. 为该标题文字设置强调动画，效果为"更改字体颜色"，并设置颜色为红色。这样可以控制何时变色(例如所有内容都显示完毕，进行总结时再变色)

    C. 为该标题文字设置进入动画，效果为"颜色打字机"，并在"效果选项"中设置"首选颜色"为红色，"辅助颜色"为黑色

    D. 为该标题文字设置进入动画，效果为"颜色打字机"，并在"效果选项"中设置"首选颜色"为黑色，"辅助颜色"为红色

6. PowerPoint 2010 可以指定每个动画发生的时间，以下设置哪些能实现让当前动画与前一个动画同时出现？_____

    A. 从上一项开始   B. 从上一项之后开始

    C. 在自定义动画的"开始"中选择"之前"   D. 在自定义动画的"开始"中选择"之后"

7. PowerPoint 2010 的母版有_____等几种。

    A. 幻灯片母版   B. 版式母版   C. 讲义母版   D. 备注母版

8. PowerPoint 2010 系统的视图有_____、备注、放映几种。

    A. 普通   B. 幻灯片   C. 大纲   D. 浏览

9. 在幻灯片的配色方案中,可对_____进行配色。

    A. 背景　　　　　　　　　　　　B. 文本与线条

    C. 阴影　　　　　　　　　　　　D. 强调文字

10. 创建的超链接可跳到_____等不同的位置。

    A. 当前的幻灯片　　　　　　　　B. 另一张幻灯片

    C. 某一应用程序文档　　　　　　D. Internet 地址

三、填空题

1. 要在 PowerPoint 2010 中设置幻灯片的切换效果以及切换方式,应在_____选项卡中进行操作。

2. 演示文稿的默认扩展名为_____(4 个字母)。

3. 要在 PowerPoint 2010 中插入表格、图片、艺术字、视频、音频时,应在_____选项卡中进行操作。

4. 在 PowerPoint 中,插入幻灯片时总是插在当前幻灯片的_____(2 个汉字)。

5. 要想在演示文稿中插入一首乐曲,应选择"插入"选项卡中的_____选项,并在其下拉菜单中选择"文件中的音频"。

6. 在 PowerPoint 2010 中,母版包括_____(3 个汉字)母版、讲义母版和备注母版三种。

7. "页眉和页脚"是_____(2 个汉字)选项卡中的命令。

8. 停止正在放映的幻灯片应该按键盘上的_____(3 个字母)键。

9. 要调整文本的段前段后间距,应该用"段落"选项组中的_____命令。

10. 设计基本动画的方法是先选择对象,然后用"动画"选项卡中的_____命令。

四、判断题

1. 在 PowerPoint 中,用"文本框"命令在幻灯片中添加文字时,文本框的大小和位置是固定的。

                                               (   )

2. 在 PowerPoint 中可以利用内容提示向导来创建新的 PowerPoint 幻灯片。(   )

3. 要放映幻灯片,不管是使用"幻灯片放映"选项卡的"从头开始"命令放映,还是单击"视图控制"按钮栏上的"幻灯片放映"按钮放映,都要从第一张开始放映。(   )

4. 演示文稿中的任何文字对象都可以在大纲视图中编辑。(   )

5. 在 PowerPoint 中可以利用设计模板来创建新的 PowerPoint 幻灯片。(   )

6. PowerPoint 可以用彩色、灰色或黑白打印演示文稿的幻灯片、大纲、备注等。(   )

7. 在 PowerPoint 的幻灯片放映视图中,要切换动画可以通过单击鼠标,也可以通过计时的方式。（ ）

8. PowerPoint 中,创建表格的过程中如果插入操作错误,可以单击快速访问工具栏上的"撤销"按钮来撤销。（ ）

9. 在 PowerPoint 中,动画设置后,可以在幻灯片放映视图中观看动画效果。（ ）

10. 在 PowerPoint 中,可以插入新幻灯片,但不可以复制。（ ）

11. PowerPoint 中,应用设计模板设计的演示文稿无法进行修改。（ ）

12. 在 PowerPoint 幻灯片视图中,单击一个对象后,按住 Shift 键,再单击另一个对象,则只有两个对象被选中。（ ）

13. 在 PowerPoint 中,可以给幻灯片上的对象设置动画,但幻灯片切换时就不能设置动态效果。（ ）

14. PowerPoint 提供的设计模板只包含预定义的各种样式,不包含实际文本内容。（ ）

15. PowerPoint 中,如果插入图片时误将不需要的图片插入,可以单击"撤销"键补救。（ ）

参考答案

一、单项选择题

1. D	2. C	3. B	4. A	5. C	6. B	7. D	8. C
9. C	10. A	11. B	12. B	13. B	14. A	15. A	16. D
17. B	18. C	19. D	20. C	21. A	22. B	23. B	24. D
25. A	26. A	27. A	28. B	29. C	30. C		

二、多项选择题

1. AB	2. CD	3. ABCD	4. AB	5. ABD	6. AC	7. ACD	8. ABCD
9. ABCD	10. ABCD						

三、填空题

1. 切换	2. PPTX	3. 插入	4. 前面	5. 音频
6. 幻灯片	7. 插入	8. ESC	9. 行和段落间距	10. 添加动画

四、判断题

1. ×	2. √	3. ×	4. ×	5. √	6. √	7. √	8. √
9. √	10. ×	11. ×	12. √	13. ×	14. ×	15. √	

Internet 应用习题

一、单项选择题

1. 在计算机网络中,一端连接局域网中的计算机,一端连接局域网中的传输介质的部件是_____。

　　A. 双绞线　　　　　B. 网卡　　　　　C. BNC 接头　　　　D. 终结器(堵头)

2. 下面关于 WWW 的描述不正确的是_____。

　　A. WWW 是 World Wide Web 的缩写,通常称为"万维网"

　　B. WWW 是 Internet 上最流行的信息检索系统

　　C. WWW 不能提供不同类型的信息检索

　　D. WWW 是 Internet 上发展最快的应用

3. C 类 IP 地址最高位字节的 3 个二进制位,从高到低依次是_____。

　　A. 010　　　　　　B. 110　　　　　　C. 100　　　　　　D. 101

4. 在局域网上的所谓资源,是指_____。

　　A. 软设备　　　　　　　　　　　B. 硬设备

　　C. 操作系统和外围设备　　　　　D. 所有的软、硬件设备

5. 下列关于局域网的叙述,不正确的是_____。

　　A. 数据传输率高

　　B. 能提高系统的可靠性、可用性

　　C. 通信延迟较小,可靠性较好

　　D. 不能按广播方式或组播方式进行通信

6. 局部地区通信网络简称为局域网,英文缩写为_____。

　　A. WAN　　　　　　B. LAN　　　　　　C. GSM　　　　　　D. MAN

7. 影响局域网特性的几个主要技术中最重要的是_____。

　　A. 传输介质　　　　　　　　　　B. 介质访问控制方法

　　C. 拓扑结构　　　　　　　　　　D. LAN 协议

8. 计算机网络最突出的优点是_____。

　　A. 运算速度快　　　　　　　　　　B. 共享硬件、软件和数据资源

　　C. 精度高　　　　　　　　　　　　D. 内存容量大

9. 按照网络分布和覆盖的地理范围,可将计算机网络分为_____。

　　A. 局域网、互联网和 Internet　　　　B. 广域网、局域网和城域网

　　C. 广域网、互联网和城域网　　　　　D. Internet、城域网和 Novell 网

10. 计算机网络技术包含的两个主要技术是计算机技术和_____。

　　A. 微电子技术　　　B. 通信技术　　　C. 数据处理技术　　D. 自动化技术

11. 在计算机网络中,表征数据传输可靠性的指标是_____。

　　A. 误码率　　　　　B. 频带利用率　　　C. 信道容量　　　　D. 传输速率

12. 调制解调器(Modem)的功能是实现_____。

　　A. 模拟信号与数字信号的转换　　　B. 数字信号的编码

　　C. 模拟信号的放大　　　　　　　　D. 数字信号的整形

13. 一座建筑物内的几个办公室要实现联网,应该选择下列_____方案。

　　A. PAN　　　　　　B. LAN　　　　　　C. MAN　　　　　　D. WAN

14. 最早出现的计算机互联网络是_____。

　　A. ARPANET　　　B. EtherNET　　　C. BITNET　　　　D. Internet

15. 域名 Yahoo.com 中的顶级域名 com 代表_____。

　　A. 非营利性组织　　B. 政府机构　　　C. 商业机构　　　　D. 网络机构

16. 计算机网络中常用的有线传输介质有_____。

　　A. 双绞线、红外线、同轴电缆　　　B. 同轴电缆、激光、光纤

　　C. 双绞线、同轴电缆、光纤　　　　D. 微波、双绞线、同轴电缆

17. 中国公用互联网络简称为_____。

　　A. GBNET　　　　　B. CERNET　　　　C. CHINANET　　　D. CASNET

18. 通常一台计算机要接入互联网,应该安装的设备是_____。

　　A. 网络操作系统　　　　　　　　　B. 调制解调器或网卡

　　C. 网络查询工具　　　　　　　　　D. 浏览器

19. 目前网络传输介质中传输速率最高的是_____。

　　A. 双绞线　　　　　B. 同轴电缆　　　C. 光缆　　　　　　D. 电话线

20. 网卡(网络适配器)的主要功能不包括_____。

　　A. 将计算机连接到通信介质上　　　B. 进行电信号匹配

　　C. 实现数据传输　　　　　　　　　D. 网络互联

21. 网络中使用的传输介质,抗干扰性能最好的是_____。

    A. 双绞线   B. 光缆   C. 细缆   D. 粗缆

22. 浏览 Web 网站必须使用浏览器,目前常用的浏览器是_____。

    A. Hotmail   B. Outlook Express   C. Inter Exchange   D. Internet Explorer

23. 计算机网络为实现通信的目的,要求网络上的所有计算机共同遵守一定的规则,此规则称为_____。

    A. 网络协议   B. 网络合同   C. 网络语言   D. 网络守则

24. IP 地址由_____位二进制数组成。

    A. 16   B. 32   C. 64   D. 128

25. 下面属于合法 IP 地址的是_____。

    A. 193. 234. 97. 3   B. 202,120,0,1

    C. 213;368;23;45   D. 145/123/43/54

26. 根据域名代码规定,域名 katong. com. cn 表示的网站类别是_____。

    A. 教育机构   B. 军事部门   C. 商业组织   D. 国际组织

27. 表示网络机构的扩展域名是_____。

    A. gov   B. com   C. edu   D. net

28. 下列各项中表示网站域名的是_____。

    A. 168. 251. 12. 0   B. Liyang@ 163. com

    C. www. liyang. net   D. http://

29. 政府部门主页的最高域名是_____。

    A. com   B. net   C. edu   D. gov

30. 主机域名 hz. zj. cninfo. net 由 4 个子域组成,其中表示最高层域的是_____。

    A. net   B. zj   C. cninfo   D. hz

31. 下列域名中,表示教育机构的是_____。

    A. ftp. bta. net. cn   B. ftp. cnc. ac. cn

    C. www. ioa. ac. cn   D. www. buaa. edu. cn

32. 在 Internet 中,用字符串表示的 IP 地址称为_____。

    A. 账户   B. 域名   C. 主机名   D. 用户名

二、多项选择题

1. 计算机网络使用的介质有_____。

    A. 同轴电缆   B. 双绞线   C. 光纤   D. 电磁波

2. 通过域名"www. tsinghaua. edu. cn"可以知道,这个域名_____。

    A. 属于中国   B. 属于教育机构

    C. 是一个 WWW 服务器   D. 需要拨号上网

3. 网上邻居提供在局域网内部的共享机制,允许不同计算机之间的_____。

    A. 文件复制   B. 收发邮件   C. 共享打印   D. 文件执行

4. 局域网的硬件组成有_____或其他智能设备、网卡及电缆等。

    A. 网络服务器   B. 个人计算机   C. 工作站   D. 网络操作系统

5. 用局域网连接 Internet 时,在添加 TCP/IP 协议后,还需要在本机的 TCP/IP 属性中设置_____,才能连接 Internet 网。

    A. 子网掩码   B. 网关   C. IP 地址   D. 代理服务器地址

6. 计算机网络的主要功能有_____。

    A. 网络通信   B. 海量计算   C. 资源共享   D. 高可靠性

7. 计算机联网的主要目的是_____。

    A. 共享资源   B. 远程通信   C. 提高可移植性   D. 协同工作

8. 网络操作系统是管理网络软件、硬件资源的核心,常见的局域网操作系统有 Windows Server 系列和_____。

    A. DOS   B. Windows 98   C. Netware   D. UNIX

9. 可以用来编写 html 网页文件的常用软件有_____。

    A. VF   B. 记事本   C. Netware   D. FrontPage

10. 下面关于 IP 地址的说法正确的是_____。

    A. IP 地址在 Internet 上是唯一的   B. IP 地址由 32 位十进制数组成

    C. IP 地址是 Internet 上的主机的数字名 D. IP 地址指出了该计算机链接到哪个网络

三、填空题

1. 计算机网络是一门综合技术的合成,其主要技术是_____(2 个汉字)与_____(3 个汉字)技术。

2. 当前使用的 IP 地址是_____bit。

3. 域名服务器上存放着 Internet 主机的_____(2 个汉字)和 IP 地址的对照表。

4. 在 Internet 上常见的一些文件类型中,_____文件类型一般代表 WWW 页面文件。

5. 如果要把一个程序文件和已经编辑好的邮件一起发给收信人,应当单击 Outlook Express 窗口中的_____(2 个汉字)按钮。

6. 子网掩码的作用是划分子网,子网掩码是_____位的。

7. 一个四段 IP 地址分为两部分,为_____(2 个汉字)地址和_____(2 个汉字)地址。

8. 网上邻居可以浏览到同一_____(3 个汉字)内和_____(3 个汉字)中的计算机。

9. 需要服务器提供共享资源,应向网络系统管理员申请账号,包括_____(3 个汉字)和_____(2 个汉字)。

10. 可以将网上邻居中允许共享的文件夹_____(2 个汉字)为本地机的资源。

11. URL 的基本形式是_____(3 个汉字)://_____(2 个汉字)。

12. 万维网上的文档称为_____(2 个汉字)。

四、判断题

1. 网络协议是用于编写通信软件的程序设计语言。（　　）

2. 用户通过网上邻居,可以自由访问局域网同一工作组中计算机内的所有文件。（　　）

3. 所谓互联网,指的是同种类型的网络及其产品相互联结起来。（　　）

4. 为了能在网络上正确地传送信息,制定了一整套关于传输顺序、格式、内容和方式的约定,称为通信协议。（　　）

5. 一台带有多个终端的计算机系统称为计算机网络。（　　）

6. 在网络中交换的数据单元称为报文分组或包。（　　）

7. 局域网常见的拓扑结构有星型、总线型和环型结构。（　　）

8. 局域网的信息传送速率比广域网高,所以传送误码率也比广域网高。（　　）

9. 根据计算机网络覆盖地理范围的大小,网络可分为广域网和以太网。（　　）

10. 调制解调器的主要功能是实现数字信号的放大与整形。（　　）

11. 互联网是通过网络适配器将各个网络互联起来的。（　　）

12. 目前,局域网的传输介质(媒体)主要是同轴电缆、光纤和电话线。（　　）

13. 在局域网中,各个节点的计算机都应在主机扩展槽中插有网卡,网卡的正式名称是终端适配器。（　　）

14. IP 地址是给连在 Internet 上的主机分配的一个 16 位地址。（　　）

15. 网络中的传输介质分为有线传输介质和无线传输介质两类。（　　）

16. 服务器是网络的信息与管理中心。（　　）

17. 任何联入局域网的计算机或服务器相互通信时都必须在主机上插入一块网卡。（　　）

18. 局域网传输介质一般采用同轴电缆或双绞线。（　　）

19. 在一所大学里,每个系都有自己的局域网,而连接各个系的校园网是局域网。（　　）

20. 在有关网络的概念中,子网是指局域网。   (   )

参考答案

一、单项选择题

1. B	2. B	3. B	4. D	5. D	6. B	7. B	8. B
9. B	10. B	11. A	12. A	13. B	14. A	15. C	16. C
17. C	18. B	19. C	20. B	21. B	22. D	23. A	24. B
25. A	26. C	27. D	28. C	29. D	30. A	31. D	32. B

二、多项选择题

1. ABCD	2. ABC	3. ACD	4. ABC	5. ABC	6. ABCD	7. ABCD	8. CD
9. BD	10. ACD						

三、填空题

1. 通信 计算机   2. 32   3. 域名   4. HTML   5. 附加   6. 32   7. 网络 主机

8. 局域网 工作组   9. 用户名 密码   10. 映射   11. 协议名 地址   12. 网页

四、判断题

1. ×	2. ×	3. ×	4. √	5. ×	6. √	7. √	8. ×
9. ×	10. ×	11. ×	12. ×	13. ×	14. ×	15. √	16. √
17. √	18. √	19. √	20. ×				